COURS
DE
MATHEMATIQUES
THÉORIQUE ET PRATIQUE

A L'USAGE DES ÉLÈVES DES ÉCOLES NORMALES PRIMAIRES

ET DES ÉCOLES PRIMAIRES SUPÉRIEURES

DEUXIÈME PARTIE

NOTIONS D'ALGÈBRE

Par C. LEBOIS

ANCIEN ÉLÈVE DE L'ÉCOLE NORMALE D'ENSEIGNEMENT SECONDAIRE SPÉCIAL

CHARGÉ DE L'ENSEIGNEMENT SCIENTIFIQUE

A L'ÉCOLE NORMALE PRIMAIRE DE MONTBRISON

SE TROUVE :

A MONTBRISON	A SAINT-ÉTIENNE
Chez l'Auteur	CHEZ M. CHEVALIER, LIBRAIRE
ET CHEZ M. RELAVE, LIBRAIRE	Rue Gérentet

1874

COURS DE MATHÉMATIQUES

THÉORIQUE ET PRATIQUE

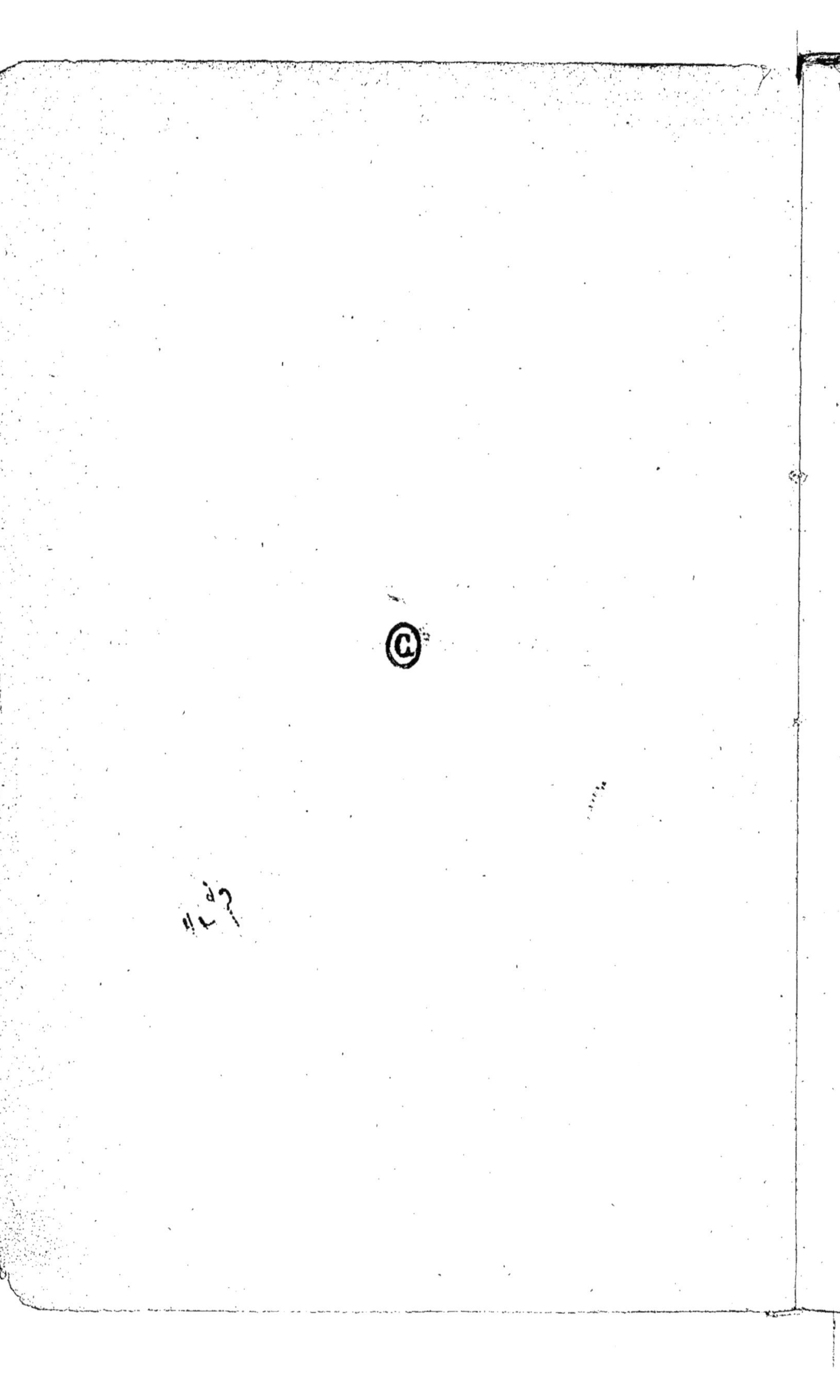

COURS

DE

MATHÉMATIQUES

THÉORIQUE ET PRATIQUE

A L'USAGE DES ÉLÈVES DES ÉCOLES NORMALES PRIMAIRES

ET DES ÉCOLES PRIMAIRES SUPÉRIEURES.

DEUXIÈME PARTIE.

NOTIONS D'ALGÈBRE

Par C. LEBOIS

ANCIEN ÉLÈVE DE L'ÉCOLE NORMALE D'ENSEIGNEMENT SECONDAIRE SPÉCIAL,
CHARGÉ DE L'ENSEIGNEMENT SCIENTIFIQUE
A L'ÉCOLE NORMALE PRIMAIRE DE MONTBRISON.

SAINT-ÉTIENNE

IMPRIMERIE DE MONTAGNY

Angle des rues Gérentet et de Lodi.

1874

A

M. ROUX

OFFICIER DE LA LÉGION D'HONNEUR,

OFFICIER DE L'INSTRUCTION PUBLIQUE,

DIRECTEUR HONORAIRE DE L'ÉCOLE NORMALE SPÉCIALE DE CLUNY.

HOMMAGE DE RESPECTUEUSE RECONNAISSANCE.

PRÉFACE

—

Comme la plupart de mes collègues, je suis convaincu que quelques notions d'algèbre sont nécessaires aux élèves de nos écoles normales primaires : il est bien difficile, en effet, de comprendre les progressions, de résoudre les questions importantes des intérêts composés, des annuités, etc., avec les ressources seules de l'arithmétique. D'un autre côté, pour un grand nombre de problèmes, des plus simples souvent, on est obligé de raisonner sur l'inconnue et de former une équation ; enfin un certain nombre ne peuvent être résolus, ou ne le sont que difficilement sans l'emploi de cette partie des mathématiques. Si alors cette science s'impose, pourquoi n'en enseignerions-nous pas les premiers principes à nos élèves ?

Jusqu'à présent, j'ai fait rédiger ce cours par mes élèves d'après les notes prises en classes ; mais, mes quelques années d'enseignement m'ont déjà démontré que cette méthode a beaucoup d'inconvénients pour la partie mathématique : très-peu, en effet, étaient capables de faire ce travail, le plus grand nombre se contentaient de copier et perdaient un temps précieux.

C'est ce motif qui m'a engagé à faire publier mon cours, je ne pouvais leur conseiller les ouvrages de l'enseignement secondaire qui sont trop savants pour eux.

Je suis loin de prétendre que ma tâche soit bien remplie, mais je puis dire que le temps que j'y ai consacré a été employé uniquement à essayer de rendre quelques services aux élèves des écoles normales.

Je prie ceux de mes collègues qui me feront l'honneur de lire mon ouvrage de m'adresser leurs observations, je leur en serai sincèrement reconnaissant, et si plus tard il y a lieu, je serai heureux d'en tenir compte.

C. LEBOIS.

Montbrison, 10 janvier 1874.

COURS DE MATHÉMATIQUES

DEUXIÈME PARTIE

NOTIONS ÉLÉMENTAIRES D'ALGÈBRE

NOTIONS PRÉLIMINAIRES

1. L'algèbre a pour but de simplifier les questions sur les nombres et de généraliser toutes celles du même genre.

2. On sait que dans une question sur les nombres, il y a toujours une ou plusieurs inconnues et ce sont ces inconnues qu'il s'agit de déterminer; si on les représente par des signes, des lettres par exemple, on pourra raisonner sur elles, comme si elles étaient connues; ce qui permettra d'arriver plus facilement et plus rapidement au résultat. De plus, si on représente aussi les quantités données par des lettres, on arrivera à une ou plusieurs *formules* ou expressions indiquant les calculs à effectuer pour toutes les questions analogues, c'est-à-dire qui ne différeront que par les nombres. C'est ce qu'on fait en algèbre.

3. On est convenu de remplacer les quantités données par les premières lettres de l'alphabet et les inconnues par x, y, z.

Quelques exemples éclairciront ces définitions :

4. Pʀ. I. *Trouver deux nombres tels que leur somme soit 35 et leur différence 7.*

Par l'arithmétique, on arrive au résultat en remarquant que *si le plus grand de ces deux nombres était diminué de la différence 7, il deviendrait égal au plus petit et leur somme serait* 35 — 7 = 28, *le plus petit est don: égal à la moitié de* 28 *ou à* 14. *Le plus grand est alors* 14 + 7 = 21.

On simplifie ce raisonnement si on représente l'un des nombres, le plus petit par exemple, par x,

L'autre est alors, d'après l'énoncé,

$$x + 7,$$

et on a

$$x + x + 7 = 35,$$

ou

$$2x + 7 = 35,$$

et si on retranche 7 de chacun des membres de cette égalité il vient

$$2x = 28,$$

d'où

$$x = \frac{28}{2} = 14.$$

5. Pʀ. II. *Partager* 145 *en trois parties telles que la seconde surpasse la première de* 22 *et que la troisième surpasse la seconde de* 8.

Par l'arithmétique on ferait le raisonnement suivant :

145 *se compose de la première partie, plus de la seconde qui est égale à la première* + 22, *plus encore de la troisième*

qui est égale à la seconde + 8, *ou ce qui est la même chose qui est égale à la première* + 22 + 8. 145 *se compose donc de* 3 *fois la première partie* + 22 + 22 + 8 *ou* + 52, *donc si on retranche* 52 *de* 145 *on aura* 93 *ou trois fois la première partie. Cette partie sera alors égale à*

$$\frac{93}{3} = 31.$$

Les autres seront :

$$31 + 22 = 53,$$
$$53 + 8 = 61.$$

De même que précédemment, on aura une solution plus claire et plus rapide, si on représente la première inconnue par x.

En effet les autres seront :

$$x + 22,$$
$$x + 22 + 8,$$

et on aura, d'après l'énoncé du problème, l'égalité

$$x + x + 22 + x + 22 + 8 = 145$$

qui n'est autre chose que la *traduction algébrique* du problème.

En simplifiant cette égalité on a :

$$3x + 52 = 145,$$

ou, en ôtant 52 de chaque côté,

$$3x = 93,$$

d'où

$$x = \frac{93}{3} = 31,$$

les deux autres parties seront :

$$31 + 22 = 53$$
$$53 + 8 = 61$$

6. Pr. III. *Un père a* 43 *ans, son fils* 3, *dans combien d'années l'âge du père sera-t-il* 6 *fois celui du fils ?*

Ce problème, qui se résout difficilement par l'arithmétique, devient excessivement simple si l'on représente le nombre d'années ou l'inconnue par x.

On a en effet d'après l'énoncé
$$43 + x = 6\,(3 + x);$$
d'où il est facile de tirer la valeur d'x.

7. J'ai déjà dit que si on représente également les données par des lettres, on arrive à des formules qui indiquent les calculs à effectuer pour résoudre toutes les questions, ne différant que par les nombres. Prenons pour exemple le premier problème; représentons par a la somme et par b la différence, par x le plus grand des deux nombres et par y le plus petit.

L'énoncé donne les égalités :
$$a = x + y,$$
$$b = x - y.$$
En résolvant ces égalités par l'une des méthodes indiquées plus loin, on arrive à
$$x = \frac{a + b}{2},$$
$$y = \frac{a - b}{2}.$$

a et b pouvant être quelconques, ces deux formules montrent que, quels que soient les nombres dont on connaît leur somme et leur différence, on aura le plus grand en additionnant leur somme et leur différence et en en prenant la moitié, on aura le plus petit en retranchant leur différence de leur somme et en en prenant aussi la moitié.

8. Signes algébriques. Comme en arithmétique, $+$ est le signe de l'addition;

— celui de soustraction;

$\times$ celui de la multiplication, mais quand les quantités sont représentées par des lettres on le supprime. Ainsi, $a\,b$ indique le produit de a par b ;

$\dfrac{a}{b}$ ou $a : b$ indique que a doit être divisé par b ;

$=$ placé entre deux quantités indique qu'elles sont égales ;
$a > b$ indique que a est plus grand que b ;
$b < a$ indique que b est plus petit que a ;

9. Coefficient. Le coefficient est un nombre qu'on place devant une quantité pour indiquer combien de fois elle doit être prise; ainsi

$$3a = a + a + a,$$
$$5ab = ab + ab + ab + ab + ab.$$

10. Exposant. L'exposant indique que la quantité doit être prise comme facteur et combien de fois. Il se place à droite et au-dessus de la quantité.

$$a^3 = a\,a\,a,$$
$$(ab)^p = ab\,ab\,ab.$$

11. On appelle *expression algébrique*, un ensemble de lettres et de signes indiquant une suite d'opérations à effectuer sur les nombres représentés par des lettres.

12. Termes. Les quantités d'une expression séparées par les signes $+$ ou $-$ sont appelées termes.

13. Quand un terme est précédé de $+$ il est *positif*, quand il est précédé de $-$ il est *négatif*. Ce dernier signe, étant celui de la soustraction, indique que la quantité devant laquelle il est placé doit être retranchée.

$$4ab + 3ab^2 - 7b^2c - 5ac$$

est une expression algébrique et $4ab$, $3ab^2$ sont deux termes positifs, tandis que $-7b^2c$, $-5ac$ sont des termes négatifs.

14. Termes semblables. On appelle ainsi les termes d'une expression qui ne diffèrent que par leurs coefficients.

$$11a^2b + 4a^2b - 7a^2b$$

sont trois termes semblables.

15. Réduction des termes semblables. On voit aisément que les termes semblables sont réductibles, c'est-à-dire qu'ils peuvent se remplacer par un seul.

En effet, dans l'expression précédente, nous avons 11 fois la quantité a^2b plus 4 fois cette quantité, ou en tout $15a^2b$; mais nous avons aussi la quantité soustractive $- 7a^2b$ il restera alors $8a^2b$;

donc

$$11a^2b + 4a^2b - 7a^2b = 8a^2b.$$

Soit encore à réduire

$$8ab^2c - 7ab^2c - 11ab^2c.$$

Dans cette expression, on a à retrancher de $8ab^2c$, 7 fois et 11 fois cette même quantité ou $18ab^2c$; or, comme on ne peut retrancher de $8ab^2c$ plus de cette quantité, il restera $- 10ab^2c$;

donc

$$8ab^2c - 7ab^2c - 11ab^2c = - 10ab^2c.$$

16. Ces deux exemples montrent que *pour réduire des termes semblables on fait la somme des termes positifs et celle des termes négatifs, et, opérant sur les coefficients, on retranche la plus petite de la plus grande. Si la somme des termes positifs est la plus grande, le résultat est positif; dans le cas contraire, il est négatif.*

17. Monôme. On appelle monôme, une expression algébrique composée d'un seul terme, comme

$$8ab^2, \quad abc, \quad \frac{15}{3}cd.$$

18. Binôme et Trinôme. On donne le nom de binôme à l'expression qui renferme deux termes, et de trinôme à celle qui en renferme trois.

$$a - b, \quad 2ac + bd \text{ sont des binômes ;}$$
$$a^2 + 2ab + b^2, \quad 3ab - cd + 4bc$$

sont des trinômes.

19. Polynôme. En général, on appelle polynôme une expression algébrique qui renferme plusieurs termes.

EXERCICES.

20. Simplifier :

1°
$$a + a + a + a,$$

2°
$$a \; a \; a \; a,$$

3°
$$a \; a \; a \; b \; b.$$

21. Si l'on fait $a = 2$ et $b = 3$, dire les valeurs numériques de ces expressions.

22. Quelles valeurs prennent les expressions suivantes, si on fait

$$a = 3, b = 2, c = 4?$$

1°
$$3ab + ab^2 - c^3,$$

2°
$$\frac{2a + b - c}{a} + b^2.$$

23. Trouver la valeur numérique de

$$a^2b + (cd)^2 + \sqrt{ab},$$

si
$$a = 4, b = 9,$$
$$c = 2 \text{ et } d = 5.$$

24. Exprimer en mètres la valeur de v dans

$$v = \sqrt{2\,g\,c,}$$

sachant que

$$g = 9, 8 \text{ et } c = 42^m, 50.$$

25. Réduire les polynômes suivants :

1° $\qquad 15a^2b - 8a^2b + 11a^2b - 3a^2b,$

2° $\qquad ac^2b + 3ac^2b - 21ac^2b,$

3° $\qquad 15a^2c + \dfrac{3}{8}ab^2 - 7a^2c - 2a^2c - \dfrac{15}{3}ab^2,$

4° $\qquad \dfrac{2}{3}ab + 5ab - \dfrac{4}{5}ab - 2cd.$

CHAPITRE I

OPÉRATIONS ALGÉBRIQUES

26. En arithmétique on opère sur des nombres et on trouve pour résultat des nombres ; en algèbre on opère sur des expressions algébriques et on arrive à d'autres expressions conduisant aux mêmes résultats numériques, quand on remplace les lettres par des nombres.. Ainsi, si l'on a à multiplier $3ab - cd$ par a^2, le résultat sera tel qu'en y remplaçant a,b,c,d par des chiffres on ait un nombre égal à celui qu'on obtiendrait en multipliant la valeur numérique de $3ab - cd$ par celle de a^2.

ADDITION.

27. L'addition algébrique a le même sens qu'en arithmétique. *Elle a pour but de réunir plusieurs expressions algébriques en une seule dont la valeur numérique soit égale à la somme des valeurs numériques des autres.*

28. On indique que des expressions algébriques doivent être additionnées en les mettant entre parenthèses et en les séparant par le signe $+$.

29. Soit à additionner $5 + 7 - 4$ avec $9 - 6$. Il est clair que si nous ne devions ajouter que 9 nous aurions

$$5 + 7 - 4 + 9,$$

mais en ajoutant 9 seulement on ajoute une quantité trop forte de 6, donc le vrai résultat sera

$$5 + 7 - 4 + 9 - 6.$$

30. J'ai pris des nombres pour plus de simplicité, le même raisonnement serait applicable si les termes étaient représentés par des lettres, et on aurait par exemple :

$$(a - b + c) + (d - f) = a - b + c + d - f.$$

31. De ce qui vient d'être dit, il est facile de tirer la règle de l'addition.

Règle. *Pour additionner plusieurs expressions algébriques (monômes ou polynômes), on les écrit à la suite les unes des autres en écrivant les termes avec leurs signes respectifs.*

32. Il va sans dire que lorsque le résultat présente des termes semblables on en fait la réduction.

33. Exemples d'addition :

1° $(5a^2b - 8ab + 11cd^2) + (4ab^2 - cd - b^2c)$

$= 5a^2b - 8ab + 11cd^2 + 4ab^2 - cd - b^2c$;

2° $(4a^2b + 6ab - 11b^2c) + (11a^2b + 5b^2c - ab^2$

$= 4a^2b + 6ab - 11b^2c + 11a^2b + 5b^2c - ab^2$

ou après réduction :

$$15a^2b + 6ab - 6b^2c - ab^2$$

3°

$$\begin{array}{l}
\phantom{\text{Polynômes}}\ \ a^4 + 5a^3b - 7a^2b^2 - 3ab^3 \\
\text{Polynômes}\ \ {-3a^4 + 8a^3b + 2a^2b^2 - 5ab^3} \\
\text{à additionner}\ \ 7a^4 - 6a^3b - 3a^2b^2 + 7ab^3 \\
\hline
\text{Somme}\ \ \ 5a^4 + 7a^3b - 8a^2b^2 - ab^3
\end{array}$$

34. Remarque. Lorsque, comme dans ce dernier cas, les polynômes ont des termes semblables, on écrit ceux-ci par ordre et on dispose les polynômes les uns sous les autres de telle sorte que les termes semblables soient dans une même colonne verticale; puis, pour faire l'addition, il suffit d'opérer leur réduction.

SOUSTRACTION.

35. *La soustraction algébrique a aussi pour but de chercher une expression, dont la valeur numérique soit égale à la différence des valeurs numériques de deux autres données.*

36. Cette opération s'indique en mettant les deux expressions entre parenthèses et en les séparant par le signe —

37. Soit à retrancher $8 - 3$ de $7 + 4$. Si l'on retranche seulement 8, on aura $7 + 4 - 8$; mais comme on doit retrancher $8 - 3$, on a ôté un nombre trop fort de 3, de sorte que le reste est trop petit de 3, on l'amènera à sa juste valeur en lui ajoutant cette quantité et on aura $7 + 4 - 8 + 3$.

Ce raisonnement peut aussi bien s'appliquer aux expressions littérales; la différence des deux polynômes

$$b - c + d, \qquad c - f + g,$$

sera alors

$$a + b - c + d - e + f - g.$$

38. Règle. *Pour faire la soustraction, il suffit donc d'écrire l'expression algébrique qu'on veut retrancher à la droite de l'autre en changeant tous ses signes.*

39. Comme moyen de vérification, il faut ajouter l'expression retranchée au résultat, ce qui doit reproduire l'autre expression.

40. La règle qui vient d'être démontrée sur des polynômes s'applique aussi aux monômes. Supposons, en effet, que de a on veuille retrancher $-b$, je dis qu'on aura $a+b$; car a est égal à $a+b-b$, et si l'on retranche $-b$, il reste bien $a+b$.

41. Si comme dans l'addition, on rencontre des termes semblables, on en opère la réduction.

Ex. Soit à retrancher $7a^2b-4ab^2+b^3$ de $4a^2b+7ab^2-2b^3$. On changera les signes du 1er polynôme et, le plaçant sous le second, on réduira les termes semblables.

$$4a^2b + 7ab^2 - 2b^3$$
$$-7a^2b + 4ab^2 - b^3$$
$$\overline{-3a^2b + 11ab^2 - 3b^3}$$

EXERCICES.

42. Faire les additions suivantes :

$1°$ $\qquad (5ab - 7a^2b + 3a^3b) + (11ab^2 - 24bc),$

$2°$ $\quad (7a^2b^2 - 4ab^3) + (-6ab^3 + 5bc) + (9a^2b^2 - 3bc),$

$3°$ $(11a^3b - 4a^2b^2 + ab^3) + (-7a^2b^2 + 8ab^3) + (-9a^3b - 7ab^3)$

$4°$ $\left(\dfrac{3}{4}a^2 + 3b - \dfrac{7ab}{2}\right) + \left(+\dfrac{5}{2}ab - b - \dfrac{9\,a^2}{4}\right).$

43. Vérifier ces opérations en faisant
$$a = 2, \; b = 5, \; c = 3.$$

44. Retrancher :

$1°$ $\qquad\qquad b$ de $-a$, $-b$ de a,

$2°$ $\qquad\qquad a - b + c$ de $3m^2 - n$,

$3°$ $\qquad\qquad a^2b + 5bc^2 - 8ab^2$ de $7ab - 8bc$,

$4°$ $\qquad 8a^3b - 5a^2b^2 - 3ab^3$ de $11a^3b - 6a^2b^2 + ab^3$.

45. Vérifier ces opérations en ajoutant le résultat à l'expression soustractive et en remplaçant dans les deux dernières soustractions,

$$a \text{ par } 3, \; b \text{ par } 2 \text{ et } c \text{ par } 4.$$

MULTIPLICATION.

46. *La multiplication algébrique est une opération qui a pour objet, étant données deux expressions algébriques, d'en trouver une troisième dont la valeur numérique soit égale aux produits des valeurs numériques des autres; les mêmes valeurs étant attribuées aux mêmes lettres.*

47. On indique que deux monômes doivent être multipliés entre eux en les séparant par le signe $\times$; pour un monôme et un polynôme ou pour deux polynômes, on met les polynômes entre parenthèses et on les sépare ensuite par le signe $\times$, signe qu'on peut même supprimer.

Ex.
$$4a^2b \times 5ab^2$$
$$(a + b - c) \times (b - c + d).$$
ou
$$(a + b - c) \quad (b - c + d)$$

1er CAS : MULTIPLICATION DES MONÔMES.

48. Soit à multiplier $3a^2c$ par $5b^2$.

Nous savons que $3a^2c = 3aac$ et $5b^2 = 5bb$. Or, on sait aussi que pour multiplier un produit de plusieurs facteurs par un produit de plusieurs facteurs, on multiplie le premier produit par le premier facteur du second, puis le résultat par le second facteur et ainsi de suite jusqu'à ce que tous soient épuisés.

Nous avons donc
$$3a^2c \times 5b^2 = 3a^2c \; 5b^2$$
ou, en changeant l'ordre des facteurs,
$$3 \times 5a^2b^2c = 15a^2b^2c.,$$

49. Soit encore à multiplier $3\,a^3b$ par $7\,a^2b^2$, le produit sera d'après ce qui précède $21\,a^3a^2b\,b^2$;

mais

$$a^3a^2 = aaa.aa = a^5,$$

et

$$bb^2 = b.\,bb = b^3,$$

donc

$$3a^3b \times 7a^2b^2 = 21\,a^5b^3.$$

50. On peut alors tirer la règle suivante :

RÈGLE. *On fait le produit de deux monômes en faisant celui de leurs deux coefficients et en écrivant à la suite toutes les lettres des deux facteurs. Si une même lettre se trouve répétée dans les deux monômes, on ne l'écrit qu'une fois avec un exposant égal à la somme de ses exposants dans les deux monômes.*

51. Dans les deux exemples précédents j'ai pris des monômes positifs, mais l'un ou l'autre ou tous les deux pourraient être négatifs.

52. Quatre cas peuvent se présenter :

1° MULTIPLICATION D'UN MONÔME POSITIF PAR UN MONÔME
POSITIF.

Nous venons de voir que dans ce cas le produit est positif et l'on peut écrire :

$$a \times b = ab;$$

2° MULTIPLICATION D'UN MONÔME NÉGATIF PAR UN MONÔME
POSITIF.

Soit à multiplier $-a$ par b.

Le multiplicateur indique qu'il faut prendre $-a$, b fois, donc le produit sera

$$-a-a-a\ldots\ldots = -ab$$

3° MULTIPLICATION D'UN MONÔME POSITIF PAR UN MONÔME
NÉGATIF.

Soit à multiplier a par $-b$

Le multiplicateur étant précédé du signe de la soustraction indique qu'il faut retrancher le multiplicande autant de fois qu'il y a d'unités dans b, ce qui donne pour produit la quantité soustractive $-ab$.

4° MULTIPLICATION D'UN MONÔME NÉGATIF PAR UN MONÔME NÉGATIF.

Soit à multiplier $-a$ par $-b$.

Le multiplicateur précédé également du signe soustractif indique qu'il faut retrancher $-a$ autant de fois qu'il y a d'unités dans b ; mais $-(-a) = +a$ (voir soustraction), donc le produit sera ab.

53. Il est facile maintenant de tirer la règle suivante.

RÈGLE DES SIGNES. *Le produit est toujours positif quand les monômes facteurs ont le même signe, positif ou négatif ; il est au contraire toujours négatif quand les monômes ont des signes contraires.*

On exprime cette règle très-clairement par le tableau suivant :

$$+a \times +b = +ab$$
$$-a \times +b = -ab$$
$$+a \times -b = -ab$$
$$-a \times -b = +ab$$

2° CAS. MULTIPLICATION D'UN POLYNÔME PAR UN MONÔME.

54. Soit à multiplier $a + b - c$ par d, le multiplicateur valant d fois l'unité, le produit vaudra d fois le multiplicande ; ou d fois $-c$, d fois b et d fois a. Il sera donc

$$ad + bd - cd.$$

55. Ce raisonnement montre que pour multiplier un polynôme par un monôme, *il faut multiplier chaque terme du polynôme par le monôme.*

56.   Exemples :

1° $$(4a^2b - 6ab^2 + b^3) \times 5ab^2$$
$$= 20a^3b^3 - 30a^2b^4 + 5ab^5.$$

2° $$(-7ab^2c + 3a^2b - 2a^3) \times -11a^2b^2$$
$$= 77a^3b^4c - 33a^4b^3 + 22a^5b^2.$$

57. REMARQUE. Pour plus de facilité on dispose le multiplicateur sous le multiplicande.

3me CAS. MULTIPLICATION D'UN POLYNÔME PAR UN POLYNÔME.

58. Soit à multiplier $a - b + c$ par $a - b$.

Le multiplicateur valant a fois, $-b$ fois l'unité, le produit sera composé de a fois tout le multiplicande et de $-b$ fois ce multiplicande, ce qui revient à multiplier le polynôme $a - b + c$ par a et ensuite par $-b$ (cas précédent).

Le produit sera :

$$a - b + c$$
$$a - b$$
$$\overline{a^2 - ab + ac - ab + b^2 - bc}$$

multiplication par a | multiplication par $-b$

Produit après réduction des termes ab :

$$a^2 - 2ab + ac + b^2 - bc$$

59. Le raisonnement précédent, appliqué à des polynômes dont les termes sont représentés par une seule lettre, est évidemment applicable à tout espèce de polynôme. On peut donc en tirer la règle suivante :

60. RÈGLE. *Pour multiplier un polynôme par un polynôme, on multiplie tout le polynôme multiplicande successivement par chacun des termes du multiplicateur. Si le résultat présente des termes semblables, on les réduit.*

61. Ordonner un polynôme. On ordonne un polynôme par rapport aux puissances d'une lettre, en disposant ses termes de telle sorte que les exposants de la lettre *ordonnatrice* aillent en croissant ou en décroissant.

62. Les polynômes

$$3a^4 - 7a^3 - 5a^2 + 11a$$

et
$$3a^4 - 6a^3b + 2a^2b^2 - 8ab^3 - b^4$$

sont ordonnés, le premier par rapport à la lettre a, le second par rapport aux puissances décroissantes de a et croissantes de b.

63. Lorsqu'on a à faire une multiplication de polynômes, on simplifie l'opération en les ordonnant et en disposant les produits partiels de telle sorte que les termes semblables soient dans une même colonne verticale.

64. Exemples : 1° Soit à multiplier
$$3a^4 - 5a^3 - 2a^2 + 7a \text{ par } 8a^3 - 3a^2$$

Je dispose l'opération comme suit :

$$
\begin{array}{r}
3a^4 - 5a^3 - 2a^2 + 7a \\
8a^3 - 3a^2 \\
\hline
- 9a^6 + 15a^5 + 6a^4 - 21a^3 \\
24a^7 - 40a^6 - 16a^5 + 56a^4 \\
\hline
24a^7 - 49a^6 - a^5 + 62a^4 - 21a^3
\end{array}
$$

Les termes semblables des produits partiels étant écrits les uns sous les autres, on fait l'addition en effectuant les opérations indiquées par les signes $+$ et $-$; ainsi pour le 3me terme $-a^5$, je dis $+15a^5 - 16a^5 = -a^5$.

$2°$ Soit

$$(5a^2b^3 - 8ab^4 - 2a^3b^2 + 11a^4b) \quad (- 5ab^2 + 7a^2b - b^3).$$

J'ordonne ces deux polynômes et j'ai :

$$11a^4b - 2a^3b^2 + 5a^2b^3 - 8ab^4$$
$$7a^2b - 5ab^2 - b^3$$

$$- 11a^4b^4 + 2a^3b^5 - 5a^2b^6 + 8ab^7$$
$$- 55a^5b^3 + 10a^4b^4 - 25a^3b^5 + 40a^2b^6$$
$$77a^6b^2 - 14a^5b^3 + 35a^4b^4 - 56a^3b^5$$

$$77a^6b^2 - 69a^5b^3 + 34a^4b^4 - 79a^3b^5 + 35a^2b^3 + 8ab^7$$

$3°$ multiplier

$$3x^4 - 7x^3 + 4x^2 + 8x \text{ par } 5x^3 - 6x^2 + 2x.$$

J'opère comme précédemment et j'ai :

$$3x^4 - 7x^3 + 4x^2 + 8x$$
$$5x^3 - 6x^2 + 2x$$

$$6x^5 - 14x^4 + 8x^3 + 16x^2$$
$$- 18x^6 + 42x^5 - 24x^4 - 48x^3$$
$$15x^7 - 35x^6 + 20x^5 + 40x^4$$

$$15x^7 - 53x^6 + 68x^5 + 2x^4 - 40x^3 + 16x^2$$

Vérification, x étant supposée égale à 2.

Valeur du multiplicande $\quad 3x^4 - 7x^3 + 4x^2 + 8x$
$$= 3 \times 2^4 - 7 \times 2^3 + 4 \times 2^2 + 8 \times 2$$
$$= 48 - 56 + 16 + 16 = 24 ;$$

Valeur du multiplicateur $\quad 5x^3 - 6x^2 + 2x$
$$= 5 \times 2^3 - 6 \times 2^2 + 2 \times 2$$
$$= 40 - 24 + 4 \quad = 20.$$

Produit des valeurs numériques du multiplicande et du multiplicateur :

$$24 \times 20 = 480.$$

Valeur numérique du produit

$$15x^7 - 53x^6 + 68x^5 + 2x^4 - 40x^3 + 16x^2$$
$$= 15 + 2^7 - 53 + 2^6 + 68 + 2^5 + 2 + 2^4 - 40 + 2^3 + 16 + 2^2$$
$$= 1920 - 3392 + 2176 + 32 - 320 + 64$$
$$= 4192 - 3712 = 480$$

Nombre égal au produit dés valeurs numériques des deux polynômes facteurs.

65. REMARQUE I. Ces exemples montrent que *lorsque deux polynômes sont ordonnés, le 1er terme de leur produit est toujours égal sans réduction au produit de leurs deux premiers termes ; de même le dernier est aussi toujours égal sans réduction au produit de leurs deux derniers.* Cette remarque importante a son application dans la division.

66. REMARQUE II. Lorsqu'on multiplie un polynôme par un monôme, ce monôme se trouve dans tous les termes du produit comme facteur.

Ainsi $(2a^2 - 4ab + 3b^3) \quad m = 2a^2m - 4abm + 3ab^3m$.

Réciproquement, quand dans un polynôme une quantité se trouve dans tous les termes, comme dans

$$2a^3x + 4a^2bx - 5b^3x,$$

ce polynôme peut être considéré comme le produit de ses termes, dont on aurait fait disparaître la quantité commune, par cette quantité.

$$2a^3x + 4a^2bx - 5bx^3 = x \times (2a^3 + 4a^2b - 5b^3x^2).$$

Ainsi, toutes les fois qu'on aura une quantité commune à tous les termes d'un polynôme, on pourra la faire sortir ; et, mettant le polynôme formé des termes ainsi modifiés entre parenthèses, on l'écrira avant ou après.

C'est ce qu'on nomme en algèbre *mettre une quantité en facteur commun*. Cette opération est d'un usage très-fréquent.

Exemples :

$1°$ $3a^2bn - 5ab^2n + 2n = (3a^2b - 5ab^2 + 2)\,n\,;$

$2°$ $2a^2x^2 + 8ax^2 = (a + 4)\,2ax^2;$

$3°$ $18a^2x^2y - 7axy = (18ax - 7)\,axy.$

De quelques formules fréquemment employées.

66. $1°$ Carré de la somme de deux quantités.

Soit à faire le carré de $a + b$;

$$\begin{array}{r} a + b \\ a + b \\ \hline ab + b^2 \\ a^2 + ab \phantom{{}+ b^2} \\ \hline a^2 + 2ab + b^2. \end{array}$$

Donc $(a + b)^2 = a^2 + 2ab + b^2.$

Ou en langage ordinaire :

Le carré de la somme des deux quantités est égal au carré de la première, plus au double produit de la première par la seconde, plus au carré de la seconde.

$2°$ Carré de la différence de deux quantités.

Soit à faire le carré des $a - b$;

$$\begin{array}{r} a - b \\ a - b \\ \hline - ab + b^2 \\ a^2 - ab \phantom{{}+ b^2} \\ \hline a^2 - 2ab + b^2. \end{array}$$

Donc $(a - b)^2 = a^2 - 2ab + b^2.$

Ou en langage ordinaire :

Le carré de la différence de deux quantités est égal au carré de la première, moins au double produit de la première par la seconde, plus au carré de la seconde.

67. Le carré d'un monôme étant un monôme, il s'ensuit qu'un binôme ne peut être carré parfait, et un trinôme sera carré parfait, quand deux de ses termes seront carrés parfaits et que le troisième sera le double produit de leurs racines, ce troisième pouvant être positif ou négatif.

$$a^2 + 2ab + b^2,$$
$$a^2 - 2ab + b^2,$$
$$4a^2b^4 - 12a^3b^3 + 9a^4b^2.$$

sont des trinômes carrés parfaits.

68. D'après ce qui précède la racine carrée d'un trinôme carré parfait est un binôme formé par les racines des deux termes carrés parfaits séparées par le signe du terme double produit.

$$\sqrt{a^2 + 2ab + b^2} = a + b,$$
$$\sqrt{a^2 - 2ab + b^2} = a - b,$$
$$\sqrt{4a^2b^4 - 12a^3b^3 + 9a^4b^2} = 2ab^2 - 3a^2b.$$

69. 3° PRODUIT DE LA SOMME DE DEUX QUANTITÉS PAR LEUR DIFFÉRENCE.

Soit à faire le produit de $a + b$ par $a - b$

$$a + b$$
$$a - b$$
$$\overline{ - ab - b^2}$$
$$a^2 + ab$$
$$\overline{a^2 - b^2.}$$

Donc ce produit *est égal à la différence des carrés des deux quantités.*

Comme conséquence on pourra toujours remplacer la différence de deux carrés par la somme de leurs racines multipliée par la différence de ces racines.

Exemples :

1° $9a^2x^2 - 4a^4 = (3ax + 2a^2)(3ax - 2a^2)$,

2° $16a^2b^4x^2 - 25a^4b^2x^2 = (4ab^2x + 5a^2bx)(4ab^2x - 5a^2bx)$.

EXERCICES.

70. Effectuer les multiplications suivantes :

1° $5ac^2b^2 \times 9a^3b^2$,

2° $11ab^2x \times \dfrac{4}{5}a^3b^2x$,

3° $\dfrac{7}{8}a^2b \times -\dfrac{2}{3}a^3b^2x$,

4° $(3a^2b - 7ab^2 + b^3)\,5ab$,

5° $(-7ab^4 - 3a^2b^3 + 4a^3b^2) - 5x^2$,

6° $(8a^4 - 7a^3b - 2a^2b^2 + 10ab^3 + 4b^4)(5a^2 - 7ab + 2b^2)$,

7° $(7x^4 + 5x - x^2 + 4x^3 - 1)(x^3 - 2x + 3x^2 - 1)$.

71. Vérifier ces deux dernières opérations en faisant
$$a = 3,\ b = 2 \text{ et } x = 5.$$

72. Chercher la valeur de x dans l'expression
$$x = b\left[(a + b)(b + c)\right]$$
a étant égal à 15, b à 7 et c à 3.

73. Mettre en facteur commun dans les expressions suivantes :

1° $7a^3x - 4a^2x + 2ax - x,$
2° $14a^3b^2 - 8a^2b^3 + a^2b^2,$
3° $24x^6 + 18x^4 - 12x^2.$

74. Faire les carrés des binômes :

1° $5a^2b + 7ab^2$

2° $\dfrac{2}{3}ax - \dfrac{4}{5}b.$

75. Extraire les racines carrées des trinômes suivants :

1° $9a^4b^2 + 12a^3b^3 + 4a^2b^4,$

2° $x^2 - 6x + 9.$

76. Les deux premiers termes d'un trinôme carré parfait sont $16a^2x^2$, $40ax^3$, trouver le troisième.

77. Le premier et le dernier terme d'un trinôme carré parfait, sont $4a^4b^2$ et $9a^6b^4c^2$, quel est le second.

78. Etant donnés les deux termes $x^2 - 9x$, compléter le trinôme pour qu'il soit un carré parfait.

79. Décomposer $x^2 - y^2$ en deux facteurs du premier degré. .

80. Transformer $(2a + 4b)(2a - 4b)$ en un binôme.

DIVISION ALGÉBRIQUE.

81. *La division algébrique est une opération qui a pour but, étant données deux expressions algébriques appelées, l'une dividende l'autre diviseur, d'en trouver une troisième qui multipliée par le diviseur reproduise le dividende.*

82. Cette opération s'indique en écrivant l'expression diviseur à la droite de l'autre et en les séparant par le signe : (lorsque l'expression est un polynôme on l'écrit

entre parenthèses), ou en écrivant le diviseur sous le dividende et en les séparant par un trait horizontal.

83. La division algébrique présente aussi trois cas :

84. 1ᵉʳ CAS. DIVISION D'UN MONÔME PAR UN MONÔME.

Soit à diviser $48a^5b^3d^2$ par $8a^2b^2d$; on trouve pour quotient
$6a^3bd$.

En effet : 1° ce quotient a pour coefficient 6, pour que,
multiplié par celui du diviseur, on ait 48 coefficient du dividende; 2° il contient la lettre a avec l'exposant 3, pour que,
multiplié par a^2 on ait a^5; les lettres b et d s'y trouvent, chacune avec l'exposant 1, pour la même raison. On peut donc
écrire :

$$48a^5b^3d^2 : 8a^2b^2d = 6a^3bd.$$

Soit encore à diviser $54a^2b^4cd$ par $9a^2b^3c$; on obtient pour
quotient $6bd$. Ce quotient ne contient pas les lettres a et d,
parce qu'il ne pourrait les contenir qu'avec un exposant
au moins égal à 1 et $a \times a^2 = a^3$ qui n'est pas contenu dans
le dividende; de même $c \times c = c^2$ qui n'y est pas non
plus contenu.

De ce qui vient d'être dit, on peut tirer la règle suivante :

85. *1° Le coefficient du monôme quotient se trouve en divisant le coefficient du dividende par celui du diviseur ;*

*2° Lorsqu'une lettre se trouve dans le dividende et dans
le diviseur, on l'écrit au quotient avec un exposant égal à l'excès
de son exposant dans le dividende sur celui dans le diviseur;*

*3° Lorsqu'une lettre se trouve dans le dividende et dans le
diviseur avec le même exposant, on ne l'écrit pas au quotient;*

*4° Enfin, lorsqu'une lettre se trouve au dividende sans être
au diviseur, on l'écrit au quotient avec son exposant.*

86. D'après cela, on voit aisément qu'une division de

monômes n'est possible que :

1° Lorsque le coefficient du dividende est divisible par celui du diviseur;

2° Lorsque toutes les lettres du diviseur sont contenues dans le dividende, et avec un exposant au moins égal.

$7a^2b^3c : 4ab^2$ ne saurait donner un quotient algébrique entier; de même,

$$18a^2b^3c \ : \ 6a^3b^2d.$$

87. Lorsqu'une division de monômes n'est pas possible, on représente le quotient par une *fraction algébrique* dont le dividende est le numérateur et le diviseur le dénominateur.

Ainsi

$$5a^4b^2 : 3ab^3 = \frac{5a^4b^2}{3ab^3};$$

on simplifie aussi les fractions algébriques en faisant disparaître les facteurs communs :

$$\frac{5a^4b^2}{3ab^3} = \frac{5a^3}{3b} .$$

88. Dans les exemples précédents, j'ai pris des monômes positifs et j'ai eu des quotients positifs, pour des monômes positifs ou négatifs, on trouvera facilement le signe du quotient en se rappelant la *Règle des signes.*

1° Quand on divise un monôme négatif par un monôme positif, on obtient un résultat négatif. Le quotient doit en effet être négatif, pour que, multiplié par une quantité positive, il donne une quantité négative;

2° Quand on divise un monôme positif par un monôme négatif, le résultat est négatif pour la même raison;

3° Enfin, quand on divise un monôme négatif par un autre également négatif, le résultat est positif. Une quantité positive multipliée par une quantité négative donne en effet un produit négatif.

EXEMPLES :

$$+\ 8a^4b^2 \quad : +\ 2ab \quad = +\ 4a^3b,$$
$$-\ 15a^5b^3d : +\ 5a^2b^2 = -\ 3a^3bd,$$
$$+\ 18a^4b^5d : -\ 3abd \quad = -\ 6a^3b^4,$$
$$-\ 27a^3b^3d^2 : -\ 9ab^2d^2 = +\ 3a^2b.$$

De l'exposant 0 et de l'exposant négatif.

89. D'après la règle de la division

$$\frac{a^5}{a^2} = a^{5-2} = a^3.$$

Si on représente les exposants de a par m et par n, on aura d'une manière générale

$$\frac{a^m}{a^n} = a^{m-n};$$

m et n pouvant avoir des valeurs quelconques,
soit $m = n$, on aura :

$$\frac{a^m}{a^n} = a^{m-n} = a^0.$$

a^0 est une expression vide de sens ; mais comme elle représente le quotient de deux quantités égales, on la regarde comme étant égale à 1.

$$a^0 = 1.$$

Supposons maintenant que m soit plus petit que n et soit $n - m = p$:

$$\frac{a^m}{a^n} = a^{m-n} = a^{-p}.$$

a^{-p} est également une expression qui n'a aucune signification, mais on la regarde comme représentant l'expression

$$\frac{1}{a^p}.$$

En effet $\frac{a^m}{a^n} = \frac{a^m}{a^{m+p}}$, n étant égal à $m + p$, si l'on divise

les deux termes par a^m, il vient bien $\frac{1}{a^p}$, et on peut écrire

$$a^{-p} = \frac{1}{a^p},$$

2e CAS. DIVISION D'UN POLYNÔME PAR UN MONÔME.

90. Soit à diviser $12a^4b^2 - 15a^3b^3 + 9a^2b^4$ par $3ab^2$.

Il est évident qu'on obtiendra le quotient de cette division
en divisant tous les termes du polynôme par le diviseur
$3ab^2$, le quotient sera alors :

$$\frac{12a^4b^2}{3ab^2} - \frac{15a^3b^3}{3ab^2} + \frac{9a^2b^4}{3ab^2} = 4a^3 - 5a^2b + 3ab^2.$$

91. *On voit donc que pour diviser un polynôme par un
monôme, il faut diviser tous les termes du dividende par le
monôme diviseur en observant les règles de la division des
monômes.*

92. EXEMPLES.

$$(24a^2b - 16a^2b^2 - 18ab^3) : 2ab = 12a - 8ab - 9b^2,$$
$$(25b^5 + 5ab^4 - 15a^2b^3 - 10a^3b^2) : 5b^2 = 5b^3 - ab^2 - 3a^2b - 2a^3,$$
$$(6x^4 - 15x^3 - 9x^2 + 21x) : 3x = 2x^3 - 5x^2 - 3x + 7.$$

93. On remarque qu'une division du deuxième cas n'est
possible que lorsque tous les termes du dividende sont
divisibles par le diviseur.

3ᵉ CAS. DIVISION D'UN POLYNÔME PAR UN POLYNÔME.

94. Soit à diviser $8x^5 - 10x^4 - 31x^3 + 22x^2 - 29x + 12$
par $4x^3 - 5x^2 + 3x - 4$.

Si ces polynômes n'étaient pas ordonnés on les ordonnerait.

D'après la définition de la division, le dividende est égal au produit du diviseur par le quotient et d'après la remarque (65) le premier terme $8x^5$ provient sans réduction du premier terme du diviseur $4x^3$ multiplié par le premier terme du quotient, celui-ci est donc $8x^5 : 4x^3 = 2x^2$. Si nous retranchons du dividende le produit du diviseur par $2x^2$, le reste sera égal au produit du diviseur par les autres termes du quotient. Effectuons ces opérations; le produit est

$$8x^5 - 10x^4 + 6x^3 - 8x^2,$$

Pour le retrancher, il suffit de porter ses termes sous les termes semblables du dividende, de changer leurs signes et d'opérer la réduction (voir la soustraction). Le reste est $20x^4 - 37x^3 + 30x^2 - 29x + 12$, et il est égal, ai-je dit, au produit du diviseur par tous les autres termes du quotient; de sorte que le premier $20x^4$ provient aussi sans réduction du produit de $4x^3$ par le second terme du quotient; comme précédemment, celui-ci sera alors $20x^4 : 4x^3 = 5x$. En répétant les mêmes opérations, c'est-à-dire en multipliant le diviseur par $5x$ et en retranchant le produit du premier reste, on obtiendra un second reste dont le premier terme divisé par le premier du diviseur donnera le troisième terme du quotient.

On continuera ainsi jusqu'à ce qu'on trouve 0 pour reste ou qu'on reconnaisse l'impossibilité de l'opération.

Opération :

$$\begin{array}{l}
8x^5+10x^4-31x^3+22x^2-29x+12 \quad\big|\, 4x^3-5x^2+3x-4 \\
-8x^5+10x^4-6x^3+8x^3 \qquad\qquad \overline{2x^2+5x-3} \\
\hline
20x^4-37x^3+30x^2-29x+12 \\
-20x^4+25x^3-15x^2+20x \\
\hline
-12x^3+15x^2-9x+12 \\
12x^3-15x^2+9x-12 \\
\hline
0
\end{array}$$

95. Le raisonnement de cette division pouvant s'appliquer à des polynômes quelconques conduit à la règle suivante :

96. RÈGLE. *Pour trouver le quotient de deux polynômes, ou les ordonne par rapport aux puissances d'une même lettre. On divise ensuite le premier terme du dividende par le premier du diviseur, ce qui donne le premier terme du quotient. On multiplie ce terme par le diviseur, on porte les termes du produit, en changeant leurs signes, sous les termes semblables du dividende et on fait la réduction. On divise de même le premier terme du reste par le premier terme du diviseur, ce qui donne le deuxième terme du quotient. Puis, multipliant ce second terme par le diviseur, on retranche le produit obtenu du premier reste et ainsi de suite, jusqu'à ce qu'on obtienne 0 pour reste, ou qu'on reconnaisse l'impossibilité de la division aux caractères signalés plus loin.*

97. EXEMPLES :

$$\begin{array}{l}
12x^8-33x^7+64x^6-49x^5+36x^4+12x^3 \quad\big|\, 3x^5-6x^4+7x^3+2x^2 \\
-12x^8+24x^7-28x^6-8x^5 \qquad\qquad\qquad \overline{4x^3-3x^2+6x} \\
\hline
-9x^7+36x^6-57x^5+36x^4 \\
+9x^7-18x^6+21x^5+6x^4 \\
\hline
18x^6-36x^5+42x^4+12x^3 \\
-18x^6+36x^5-42x^4-12x^3 \\
\hline
0
\end{array}$$

$$
\begin{array}{l|l}
6a^5 - 8a^4b - 2a^3b^2 + 32a^2b^3 - 28ab^4 - 12b^5 & 3a^3 + 2a^2b - 6ab^2 - 2b^3 \\
-6a^5 - 4a^4b + 12a^3b^2 + 4a^2b^3 & \overline{2a^2 - 4ab + 6b^2} \\
\hline
\quad -12a^4b + 10a^3b^2 + 36a^2b^3 - 28ab^4 & \\
\quad +12a^4b + 8a^3b^2 - 24a^2b^3 - 8ab^4 & \\
\hline
\qquad\qquad 18a^3b^2 + 12a^2b^3 - 36ab^4 - 12b^5 & \\
\qquad\qquad -18a^3b^2 - 12a^2b^3 + 36ab^4 + 12b^5 & \\
\hline
\qquad\qquad\qquad\qquad 0 &
\end{array}
$$

Divisions impossibles.

98. Les exemples précédents ont été choisis de façon que
a division soit possible, c'est-à-dire de façon que le dividende soit égal au produit du diviseur par un monôme
entier ; mais le plus souvent il n'en est pas ainsi.

99. Si l'on réfléchit à la marche de l'opération, on verra
aisément qu'une division est impossible quand on arrive à
un reste ou dividende partiel, dont le premier terme n'est
pas divisible par celui du diviseur.

EXEMPLE :

$$
\begin{array}{l|l}
2x^3 + x^2 - 9x + 8 & x^2 + 2x - 3 \\
-2x^3 - 4x^2 + 6x & \overline{2x - 3} \\
\hline
\quad -3x^2 - 3x + 8 & \\
\quad +3x^2 + 6x - 9 & \\
\hline
\qquad\qquad 3x - 1 &
\end{array}
$$

$3x$ n'étant pas divisible par x^2, l'opération ne peut être
continuée. Dans ce cas et dans les cas analogues, on complète
le quotient par une fraction algébrique ayant pour numérateur le reste de la division et pour dénominateur le diviseur.

$$
2x - 3 + \frac{3x - 1}{x^2 + 2x - 3},
$$

est le quotient complété de cet exemple.

EXERCICES.

100. Effectuer les divisions suivantes :

1° $\qquad 24a^4b^3c^2 : 8abc^2$,

2° $\qquad -18a^2b^3c^2 : 9ab^2c$,

3° $\qquad 15ab^4c^5 : -5abc^3$,

4° $\qquad -15ab^4c^5 : -5abc^3$.

101. Dire si les divisions suivantes sont possibles, et, dans le cas contraire, représenter le quotient par une fraction et effectuer les simplifications, s'il y a lieu :

1° $\qquad 9a^3b^2c : 5ab^2$,

2° $\qquad 8a^2b^2x : 4ab^3x^2$,

3° $\qquad 21a^5b^3c : 9a^2b^4c$.

102. Que représentent les expressions

4° $\qquad a^0,\ a^{-2},\ a^{-7},\ 5^{-2},\ 7^{-3}$.

103. Trouver la valeur de x dans

$$x = \cdot\ \frac{a^{-2} + b^0 - ab}{b^{-1}} \cdot$$

a étant supposé égal à 7 et b à 3.

104. Diviser :

1° $\qquad 8x^5 - 72x^4 + 42x^3 + 26x^2$ par $2x$,

2° $\qquad (3ab^5 - 6a^2b^4 - 12a^3b^3 + 9a^4b^2 + 15a^5b)$ par $3ab$,

3° $\qquad (8a^3b + 12ab^3 - 16a^2b^2)$ par $-4ab$.

105. Vérifier ces deux dernières opérations en faisant
$$a = 2,\ b = 3.$$

106. Diviser le polynôme $24a^7 - 13a^6 - a^5 + 62a^4 - 21a^3$ par le polynôme $8a^3 - 3a^2$.

107. Trouver les quotients :

1° de $(77a^6b^2 - 69a^5b^3 + 34a^4b^4 - 79a^3b^5 + 35a^2b^6 + 8ab^7)$
$$: (7a^2b - 5ab^2 - b^3),$$

2° de $(15x^7 - 53x^6 + 68x^5 + 2x^4 - 40x^3 + 16x^2)$
$$: (3x^4 - 7x^3 + 4x^2 + 8x),$$

3° $(25x^2y^3 + 21x^3y^2 + 68xy^4 - 40y^4 - 56x^5 - 18x^4y)$
$$: (5y^2 - 8x^2 - 6xy).$$

CHAPITRE II

FRACTIONS ALGÉBRIQUES.

---

108. *On appelle fraction algébrique le quotient indiqué d'une division algébrique qui ne peut s'effectuer exactement.*

$$\frac{a}{b}, \quad \frac{a-b}{c}, \quad \frac{4a^3x^2}{3a^2-b}, \quad \frac{5a+3b-2x}{a-b}$$

sont des fractions algébriques.

109. Les fractions algébriques diffèrent des fractions ordinaires en ce que dans celles-ci les termes sont toujours des nombres entiers, tandis que dans celles-là ils renferment une ou plusieurs lettres; comme ces lettres sont susceptibles d'un grand nombre de valeurs numériques, les termes prennent autant de valeurs correspondantes, soit entières ou fractionnaires, soit positives ou négatives.

Dans $\dfrac{a-b}{c}$, · si $a = 9$, $b = 6$ et $c = 2$

les termes et la fraction deviennent

$$\frac{9-6}{2} = \frac{3}{2},$$

Si $a = 8,5$, $b = 4$ et $c = 2$, les termes et la fraction deviennent

$$\frac{8,5 - 4}{2} = \frac{3,5}{2};$$

Si $a = 7$, $b = 11$ et $c = 9$, les termes et la fraction deviennent

$$\frac{7 - 11}{9} = \frac{-4}{9}.$$

110. Les principes et les règles démontrés pour les fractions ordinaires sont applicables aux fractions algébriques.

111. Théorème. *On peut multiplier ou diviser les deux termes d'une fraction algébrique sans altérer sa valeur.*

Je dis qu'on aura toujours l'égalité

$$\frac{a}{b} = \frac{am}{bm};$$

a, b et c pouvant avoir des valeurs quelconques.

En effet, soit q la valeur de $\frac{a}{b}$, on aura

$$\frac{a}{b} = q$$

et

$$a = bq.$$

Si l'on multiplie les deux membres de cette égalité par m, il vient

$$am = bqm$$

ou

$$am = bm.q$$

d'où l'on tire en divisant les deux membres par bm,

$$\frac{am}{bm} = q.$$

Chacune des deux fractions $\dfrac{a}{b}$ et $\dfrac{am}{bm}$ étant égale à q, il s'ensuit que

$$\frac{a}{b} = \frac{am}{bm}.$$

Donc on peut multiplier les deux termes de $\dfrac{a}{b}$ par la quantité m sans altérer la valeur de cette fraction, et réciproquement on peut diviser les deux termes de $\dfrac{am}{bm}$ par la même quantité m sans altérer non plus la valeur de cette fraction.

De cette proposition fondamentale, on tire les deux conséquences suivantes :

112. CONSÉQUENCE I. On peut simplifier une fraction algébrique en divisant ses deux termes par la même quantité.

Soit $\dfrac{12a^3b^3c^2d}{8ab^2c^3}$, les deux termes de cette fraction étant divisibles par $4ab^2c^2$, on aura

$$\frac{12a^3b^3c^2d \ : \ 4ab^2c^2}{8ab^2c^3 \ : \ 4ab^2c^2} = \frac{3a^2bd}{2c}.$$

De même :

$$\frac{25a^4b^3cd^2}{5ab\,c^2} = \frac{5a^3b^2d^2}{c},$$

$$\frac{(a-b)\,(a^2+2ab+b^2)}{a^2-b^2} = \frac{(a-b)\,(a^2+2ab+b^2)}{(a-b)\,(a+b)} = \frac{a^2+2ab+b^2}{a+b}.$$

113. CONSÉQUENCE II. On peut réduire plusieurs fractions algébriques au même dénominateur.

Soient les fractions

$$\frac{a}{b'} \qquad \frac{c}{d'} \qquad \frac{e}{f'}$$

On suit la même marche qu'en arithmétique et on obtient :

$$\frac{a.df}{b.df}, \quad \frac{c.bf}{d\ bf}, \quad \frac{e.bd}{f.bd}.$$

Ces fractions sont équivalentes aux premières, puisque pour les obtenir on a multiplié les termes de chacune des premières par la même quantité; de plus elles ont un dénominateur commun, puisqu'il provient du produit des mêmes facteurs.

114. Lorsque les dénominateurs des fractions proposées renferment des facteurs communs, on arrive à des résultats plus simples en se servant, comme dans les fractions ordinaires, de leur plus petit multiple commun.

EXEMPLE. Soit à réduire au plus petit dénominateur commun les fractions :

$$\frac{p}{4a^3b}, \quad \frac{q}{6a^2b^2c}, \quad \frac{r}{3ab^3c^2}.$$

(Si ces fractions n'étaient pas irréductibles, on les réduirait).

Le plus petit commun multiple de leur dénominateur est

$$3 \times 4 \times a^3 \times b^3 \times c^2 = 12a^3b^3c^2.$$

Ce plus petit commun multiple divisé par chacun des dénominateurs des fractions proposées donne

$$3b^2c^2, \ 2abc, \ 4a^2.$$

Si maintenant on multiplie chacun de ces quotients par les deux termes de la fraction correspondante, on obtiendra

$$\frac{3b^2c^2p}{12a^3b^3c^2}, \quad \frac{2abcq}{12a^3b^3c^2}, \quad \frac{4a^3r}{12a^3b^3c^2},$$

fractions réduites à leur plus petit dénominateur commun.

115. ADDITION DES FRACTIONS ALGÉBRIQUES. *Si les fractions*

à additionner ont le même dénominateur, on additionne les numérateurs et on donne à cette somme le dénominateur commun; ainsi :

$$\frac{a}{c} + \frac{b}{c} = \frac{a+b}{c}, \quad \frac{4x^2}{3a^2} + \frac{5x}{3a^2} + \frac{15}{3a^2} = \frac{4x^2 + 5x + 15}{3a^2}.$$

Si elles n'ont pas le même dénominateur, on les y ramène et on opère de même.

EXEMPLE :

$$\frac{a}{b} + \frac{c}{d} + \frac{e}{f} = \frac{a.df}{b.df} + \frac{c.bf}{d.bf} + \frac{e.bd}{f.bd}$$

$$= \frac{adf + cbf + ebd}{bdf}.$$

116. SOUSTRACTION DES FRACTIONS ALGÉBRIQUES. *Si les fractions ont le même dénominateur on opère sur les numérateurs et on donne au reste pour dénominateur, le dénominateur commun;* ainsi :

$$\frac{a}{b} - \frac{c}{b} = \frac{a-c}{b}.$$

Si les fractions ne sont pas réduites au même dénominateur, on les y réduit et on opère de même.

EXEMPLE :

$$\frac{3ab}{2cd} - \frac{2a^2b}{5fg} = \frac{15abfg}{10cdfg} - \frac{4a^2bcd}{10cdfg} = \frac{15abfg - 4a^2bcd}{10cdfg}.$$

117. MULTIPLICATION DES FRACTIONS ALGÉBRIQUES. Soit à multiplier $\frac{a}{b}$ par $\frac{c}{d}$.

Si nous représentons les valeurs de ces fractions par q et q', nous aurons

$$\frac{a}{b} = q,$$

et

$$\frac{c}{d} = q'.$$

De ces deux égalités on tire facilement

$$a = bq,$$
$$c = dq'.$$

Multiplions ces deux dernières membre à membre, nous aurons

$$ac = bq\,dq',$$
ou
$$ac = bd\,qq',$$

d'où en divisant les deux membres par bd, il vient

$$\frac{ac}{bd} = qq';$$

qq' représentent le produit des deux fractions, nous pouvons écrire :

$$\frac{a}{b} \times \frac{c}{d} = \frac{ac}{bd}.$$

Donc, pour multiplier une fraction par une fraction, on multiplie les numérateurs entre eux et les dénominateurs entre eux.

118. Division des fractions algébriques. Soit à diviser $\frac{a}{b}$ par $\frac{c}{d}$.

Comme tout à l'heure écrivons :

$$\frac{a}{b} = q,$$
et
$$\frac{c}{d} = q'.$$

Tirons aussi

$$a = bq,$$
$$c = dq'.$$

Divisons ces deux égalités membre à membre, nous aurons

$$\frac{a}{c} = \frac{bq}{dq'}.$$

Enfin si nous multiplions les deux membres de cette dernière égalité par d, et si nous les divisions ensuite par b,

il vient
$$\frac{ad}{cb} = \frac{q}{q'},$$

donc
$$\frac{a}{b} : \frac{c}{d} = \frac{ad}{bc}.$$

C'est-à-dire que pour obtenir le quotient de deux fractions algébriques, il faut multiplier la fraction dividende par la fraction diviseur renversée.

EXERCICES.

119. Réduire les fractions suivantes à leur plus simple expression :

1° $$\frac{15a^4b^3x}{5a^3b^3x^2},$$

2° $$\frac{18ab^2c^3d}{21b^3c^2},$$

3° $$\frac{4a^4b^3c^2}{3a^5b^2c^2}.$$

120. Réduire au même dénominateur :

1° $$\frac{a}{b}, \quad \frac{c}{d}, \quad \frac{e}{f}, \quad \frac{g}{h},$$

2° $$\frac{1}{m}, \quad \frac{1}{n}, \quad \frac{1}{p}.$$

121. Réduire à leur plus petit dénominateur :

1° $$\frac{4x^2}{6a^2b^3}, \quad \frac{5x}{8a^3b^2c}, \quad \frac{12a}{4a^4b^2c^3},$$

2° $$\frac{x}{8a^3b}, \quad \frac{y}{6a^2b^2}, \quad \frac{z}{12ab^3}.$$

122. Effectuer les opérations suivantes :

1°
$$\frac{a}{b} + c + \frac{c}{d},$$

2°
$$\frac{a^2 x}{7b} + \frac{a x^2}{b^2 c} + \frac{x^3}{4bc^2},$$

3°
$$\frac{a}{b} - \frac{x}{d},$$

4°
$$\frac{m}{n} - y,$$

5°
$$7 - \left(-\frac{c}{d}\right),$$

6°
$$\left(\frac{a}{b} - 2\right) + \left(\frac{c}{d} - 4\right),$$

7°
$$\left(\frac{x}{3} - d\right) - \left(\frac{f}{x} - \frac{g}{h}\right).$$

123. Multiplier :

1°
$$-\frac{m}{ab} \text{ par } \frac{4}{a},$$

2°
$$\frac{a}{b} \text{ par } -\frac{4x}{5},$$

3°
$$-\frac{c}{d} \text{ par } -a.$$

124. Effectuer les divisions suivantes :

1°
$$\frac{4cd}{5ab} : \frac{x}{7},$$

2°
$$-\frac{m}{3ab} : \frac{8}{3},$$

3°
$$-\frac{a}{b} : -\frac{c}{d}.$$

CHAPITRE III

—

DES ÉQUATIONS.

—

ÉQUATIONS DU PREMIER DEGRÉ A UNE SEULE INCONNUE. — PROBLÈMES.

—

Définitions. — Principes.

125. Quand deux quantités sont égales et qu'on les sépare par le signe $=$, on obtient une *égalité*, et ces deux quantités en sont les *membres*.

EXEMPLES :
$$4 \times 9 = 6^2,$$
$$(a + b)^2 = a^2 + 2ab + b^2,$$
$$a^2 - b^2 = (a + b)(a - b).$$

Lorsque les deux membres d'une égalité sont semblables, cette égalité prend le nom d'*identité*.

$$3 \times 4 = 3 \times 4,$$
$$5 + 2 = 5 + 2,$$
$$a + b - c = a + b - c,$$

sont des identités.

126. EQUATION. On appelle équation deux expressions

4

50 ALGÉBRE.

renfermant une ou plusieurs inconnues et séparées par le signe =.

Une équation devient *égalité* quand on remplace l'inconnue ou les inconnues par certaines quantités déterminées.

[1] $$3x = 15$$

est une équation, et si on remplace x par 5 on obtient l'égalité

$$3 \times 5 = 15.$$

[2] $$\frac{x}{2} + 11 = 21 - \frac{14x}{7}$$

est aussi une équation qui deviendra égalité si on remplace x par 4 :

$$\frac{4}{2} + 11 = 21 - \frac{14 \times 4}{7}.$$

127. On *résout* une équation en cherchant quelle est la la quantité ou qu'elles sont les quantités qui mises à la place de l'inconnue ou des inconnues transforment l'équation en égalité.

5 est la *solution* de l'équation [1] et 4, celle de l'équation [2].

128. Une *équation algébrique* est *numérique* quand toutes les quantités connues qui y entrent sont des nombres.

Exemples :

$$7x - 7 = 3x + 13,$$
$$\frac{4x - 2}{5} = 6.$$

Une équation est *littérale* quand les quantités connues sont des lettres.

Ainsi
$$ax + by = c,$$
$$a'x + b'y = c',$$

sont des équations littérales.

129. Une équation algébrique est *entière* quand elle ne contient pas de dénominateur, elle est *rationnelle* quand aucune de ses inconnues ne se trouve sous un radical; par contre elle serait *irrationnelle* si une inconnue se trouvait sous un radical.

$$ax - bc^2 = aby$$

est une équation entière et rationnelle.

$$6x^2 + \sqrt{2x - 2} = \sqrt{9x - 2} + 51$$

est une équation numérique irrationnelle.

130. **Degré d'une équation.** Le degré d'une équation à une seule inconnue est indiqué par le plus fort exposant de l'inconnue. Dans une équation à plusieurs inconnues, il est également indiqué par la plus forte puissance; mais si plusieurs inconnues entrent dans le même terme, pour trouver le degré de l'équation, on fait la somme des exposants de ces inconnues.

$$4x + 5y = 23$$

est une équation du premier degré,

$$3x^2 + 7x - 52 = 0$$

est une équation du second degré,

$$5xy^2 + 2x^3 - 15x^2y^3 = 8y^4 - 7$$

est une équation du cinquième degré.

RÉSOLUTIONS DES ÉQUATIONS DU PREMIER DEGRÉ A UNE INCONNUE.

La résolution des équations repose sur les deux principes suivants:

131. **Principe 1er.** *On peut ajouter ou retrancher la même*

quantité aux deux membres d'une équation sans altérer sa solution.

Soit l'équation

$$5x = x + 12 ;$$

en ajoutant 4, par exemple, à chacun de ses membres, on a

$$5x + 4 = x + 12 + 4,$$

3 qui *satisfait* la première équation, satisfait aussi la seconde, car il est évident que si

$$5 \times 3 = 3 + 12$$
$$5 \times 3 + 4 \text{ sera aussi égal à } 3 + 12 + 4.$$

132. CONSÉQUENCE I. *On peut faire passer un terme d'un membre de l'équation dans l'autre.*

Soit $\qquad 7x - 2 = 4x + 4 ;$

on fera passer -2 dans le deuxième membre en ajoutant $+2$ à chacun des membres de l'équation : on a en effet

$$7x - 2 + 2 = 4x + 4 + 2,$$
ou $\qquad 7x = 4x + 4 + 2,$

on ferait passer $4x$ dans le premier membre en retranchant cette quantité de chacun des deux membres et on aurait

$$7x - 4x = 4x + 4 + 2 - 4x$$
ou $\qquad 7x - 4x = 4 + 2.$

On voit donc aisément que pour faire passer un terme d'un membre d'une équation dans l'autre, on l'écrit dans cet autre avec un signe contraire.

133. CONSÉQUENCE II. *On peut changer les signes de tous les termes d'une équation.*

De $\qquad 11x + 42 = 137 - 8x,$

on tire en effet, en faisant passer tous les termes du premier membre dans l'autre et réciproquement,

$$-137 + 8x = -11x - 42,$$

ou, en intervertissant l'ordre des membres,

$$-11x - 42 = -137 + 8x.$$

134. PRINCIPE II. *On peut multiplier ou diviser les deux membres d'une équation par la même quantité sans altérer sa solution.*

Soit
$$5x = x + 12,$$

je dis qu'on aura, en multipliant les deux membres de cette équation par la même quantité, 4 par exemple,

$$5x \times 4 = (x + 12)\,4 ;$$

3 qui satisfait la première équation satisfait aussi la seconde, car si
$$5 \times 3 = 3 + 12,$$
$$5 \times 3 \times 4 \text{ est aussi égal à } (3 + 12)\,4.$$

135. REMARQUE. Quand la quantité par laquelle on multiplie les deux membres d'une équation renferme l'inconnue, il peut arriver que la nouvelle équation ne donne pas pour l'inconnue la même valeur que la première.

· 136. CONSÉQUENCE. *On peut faire disparaître les dénominateurs d'une équation.*

Soit
$$\frac{3x}{4} + \frac{7x}{6} = \frac{8x}{3} - 45.$$

Réduisons tous les termes au même dénominateur, nous aurons

$$\frac{9x}{12} + \frac{14x}{12} = \frac{32x}{12} - \frac{540}{12} ;$$

et si maintenant nous multiplions les deux membres de cette équation par 12, nous aurons (134)

$$\left(\frac{9x}{12} + \frac{14x}{12}\right)12 = \left(\frac{32x}{12} - \frac{540}{12}\right)12,$$

ou
$$9x + 14x = 32x - 540.$$

Soit encore

$$\frac{ax}{b} - cx = \frac{ac}{df}.$$

On opère comme précédemment et on obtient

$$\frac{ax.df}{b.df} - \frac{cx.df.b}{df.b} = \frac{ac.b}{df.b}$$
$$axdf - cxbdf = abc.$$

137. *On voit que pour faire disparaître les dénominateurs d'une équation, on opère comme si l'on voulait réduire ses termes au même dénominateur, mais on n'écrit pas ce dénominateur.*

138. Ces principes et leurs conséquences étant bien compris, on n'éprouvera aucune difficulté pour la résolution des équations du premier degré que nous allons aborder maintenant.

139. Soit à résoudre l'équation numérique

$$4x - 7 = 5.$$

Si nous faisons passer -7 dans le deuxième membre, nous aurons d'après (132)

$$4x = 5 + 7$$

d'où, en divisant les 2 membres de cette nouvelle équation par 4, il vient

$$x = \frac{5 + 7}{4} = 3.$$

3 transforme bien en effet l'équation donnée en égalité.

AUTRES EXEMPLES :

1°
$$5x - 7 = 3x + 3.$$

En faisant passer $3x$ dans le premier membre, on a
$$5x - 7 - 3x = 3,$$
et en faisant passer -7 dans le second membre, on a
$$5x - 3x = 3 + 7,$$
ou, après simplification,
$$2x = 10,$$
d'où
$$x = \frac{10}{2} = 5.$$

5 est bien la valeur de x, car si on remplace cette inconnue par cette valeur on obtient l'égalité $5 \times 5 - 7 = 3 \times 5 + 3$.

2°
$$7x + \frac{25}{6} = 69 - \frac{4x}{5}.$$

Pour résoudre cette équation, il faut d'abord faire disparaître les dénominateurs, et pour cela il suffit (137) de multiplier tous les termes par 6×5; on obtient
$$210x + 125 = 2070 - 24x.$$

Puis en faisant passer $-24x$ dans le premier membre et 125 dans l'autre, on a
$$210x + 24x = 2070 - 125,$$
ou, en simplifiant,
$$234x = 1945,$$
d'où
$$x = \frac{1945}{234} = 8,31\ldots$$

3°
$$\frac{4x - 7}{3} = \frac{9x}{7} - 2.$$

Comme pour l'exemple précédent, on fait disparaître les

dénominateurs 3 et 7 en multipliant tous les termes par 21, on obtient

$$28x - 49 = 27x - 42,$$

ou, en *transposant* — 49 et $27x$,

$$28x - 27x = 49 - 42,$$

d'où l'on tire

$$x = 7$$

Vérification.

$$\frac{4 \times 7 - 7}{3} = \frac{9 \times 7}{7} - 2,$$

ou

$$\frac{21}{3} = 9 - 2,$$

$$7 = 7.$$

4°

$$\frac{(5x + 4)\,6}{4} = \frac{50x - 4}{6}.$$

On commence d'abord par simplifier l'équation en divisant les deux termes de la fraction qui représente le premier membre par 2, et les deux termes de l'autre qui représente le deuxième membre également par 2, ce qui donne

$$\frac{(5x + 4)\,3}{2} = \frac{25x - 2}{3}.$$

Faisant maintenant disparaître les dénominateurs, on obtient successivement :

$$(5x + 4)\,3 \times 3 = (25x - 2)\,2,$$

$$45x + 36 = 50x - 4,$$

$$36 + 4 = 50x - 45x,$$

$$40 = 5x$$

$$\frac{40}{5} = x = 8.$$

5°

$$ax - b = cx + d.$$

Transposons les termes $-b$ et cx : nous aurons

$$ax - cx = b + d ;$$

Mettons x en facteur commun et nous aurons

$$(a - c)\, x = b + d ;$$

d'où, en divisant les deux membres par le coefficient de x, il vient

$$x = \frac{b + d}{a - c}.$$

6°
$$\frac{ax - b}{c} = \frac{c + dx}{a - d}.$$

Faisons disparaitre les dénominateurs, nous aurons

$$(ax - b)\,(a - b) = c\,(c + dx),$$

ou
$$a^2x - ab - abx + b^2 = c^2 + cdx ;$$

d'où l'on tire :

$$a^2x - abx - cdx = c^2 + ab - b^2,$$
$$(a^2 - ab - cd)\, x = c^2 + ab - b^2,$$
$$x = \frac{c^2 + ab - b^2}{a^2 - ab - cd}.$$

Des exemples qui précèdent, il est facile de tirer la règle suivante :

140. **Règle.** *Pour résoudre une équation numérique du premier degré à une seule inconnue, on fait disparaître les dénominateurs s'il y en a ; puis on fait passer tous les termes qui renferment l'inconnue dans un membre et tous les termes connus dans l'autre ; faisant ensuite les réductions on divise le terme connu par le coefficient de l'inconnue.*

Pour les équations littérales, on opère de même : Après avoir fait disparaître les dénominateurs et fait les transpositions, on met l'inconnue en facteur commun, et, après réduction des termes semblables, on divise l'expression algébrique connue par l'expression coefficient de l'inconnue.

EXERCICES.

141. Résoudre les équations numériques :

$1°$ $\qquad 7x - 5 = 50 - 4x,$

$2°$ $\qquad 15 + 3x = 5x - 9,$

$3°$ $\qquad \dfrac{5x + 3 - 2x}{4x - 7} = \dfrac{18}{5},$

$4°$ $\qquad \dfrac{x}{3} + 12 = \dfrac{2}{5}x - 21,$

$5°$ $\qquad \dfrac{x}{5} - \dfrac{x}{2} + \dfrac{x}{10} = \dfrac{7x - 360}{2}.$

142. Résoudre les équations littérales :

$1°$ $\qquad \dfrac{a - b}{x} = \dfrac{ab}{x + a},$

$2°$ $\qquad \dfrac{ax + bx}{c} = \dfrac{x}{a} + \dfrac{ac}{b},$

$3°$ $\qquad ax + b^2 = a^2 - bx,$

$4°$ $\qquad a\left(\dfrac{b - x}{c}\right) = \dfrac{x}{b(a - c)}.$

RÉSOLUTION DES PROBLÈMES DÉTERMINÉS DU 1ᵉʳ DEGRÉ A UNE SEULE INCONNUE.

143. Il y a deux parties dans la résolution d'un problème:

$1°$ *La mise en équation,*

$2°$ *La résolution de l'équation.*

Pour mettre un problème en équation, *il faut bien se pénétrer du sens de l'énoncé, et, ayant remplacé l'inconnue par x, on indique au moyen de signes algébriques les calculs qu'il faudrait effectuer pour vérifier cette inconnue si elle était donnée.*

Mettre un problème en équation est la partie la plus importante ; elle est aussi la plus difficile, puisqu'il n'existe aucune règle fixe à ce sujet.

Le problème mis en équation, on résout celle-ci comme précédemment.

Exemples :

144. **Problème I.** *Trouver un nombre dont la moitié augmentée du quart donne 426.*

Si on représente ce nombre par x et si on suppose qu'il soit connu, on vérifiera son exactitude en écrivant d'après l'énoncé :

$$\frac{1}{2} x + \frac{1}{4} x = 426.$$

Telle est l'équation du problème.

En la résolvant, on trouve successivement :

$$2x + x = 1704,$$
$$3x = 1704,$$
$$x = \frac{1704}{3} = 568.$$

145. **Problème II.** *La somme de deux nombres est 20, leur différence est 8, quels sont ces nombres ?*

Soit x le plus petit, l'autre sera $x + 8$, et d'après l'énoncé on aura :

$$x + x + 8 = 20,$$

ou
$$2x = 20 - 8,$$

d'où
$$x = \frac{12}{2} = 6.$$

Le plus grand est par suite
$$6 + 8 = 14.$$

146. Problème III. *La somme de trois nombres est 100 ; le plus grand surpasse le moyen de 9 et celui-ci surpasse le plus petit de 5. Quels sont ces nombres?*

Si x représente le plus petit, les autres seront
$$x + 5,$$
$$x + 5 + 9 ;$$

et on aura
$$x + x + 5 + x + 5 + 9 = 100.$$

En résolvant cette équation on trouve :
$$3x + 19 = 100,$$
$$x = \frac{100 - 19}{3},$$
$$x = 27.$$

Le moyen sera alors
$$27 + 5 = 32,$$

et le plus grand
$$32 + 9 = 41.$$

147. Si l'on représente la somme de ces nombres par S, la quantité dont le second surpasse le plus petit par a et la différence entre le moyen et le plus grand par b, on arrivera à des formules qui indiqueront les calculs à effectuer pour toutes les questions analogues. La solution sera alors générale.

Reprenons le même raisonnement.

Soit x le plus petit, les deux autres seront

$$x + a \text{ et } x + a + b,$$

et on aura

$$x + x + a + x + a + b = S,$$

ou

$$3x = S - 2a - b,$$

d'où

$$x = \frac{S - 2a - b}{3}.$$

Par suite le moyen sera

$$\frac{S - 2a - b}{3} + a.$$

$$= \frac{S - 2a - b + 3a}{3} = \frac{S + a - b}{3}.$$

Enfin le plus grand sera égal à

$$\frac{S + a - b}{3} + b = \frac{S + a - b + 3b}{3},$$

$$= \frac{S + a + 2b}{3}.$$

Ainsi la formule du plus petit est

$$\frac{S - 2a - b}{3},$$

celle du moyen est

$$\frac{S + a - b}{3},$$

enfin celle du plus grand est

$$\frac{S + a + 2b}{3}.$$

Donc quelles que soient la somme et les différences a et b, on aura le plus petit des trois nombres en retranchant de leur somme deux fois la différence a et une fois la différence b, et en prenant le tiers du résultat; on aura le moyen en ajoutant la différence a à la somme S, en en retranchant la différence b et en prenant le tiers du reste; enfin on aura le plus grand en additionnant la différence a et 2 fois la différence b avec la somme S et en prenant le tiers de la somme.

148. PROBLÈME IV. *On veut payer une somme de 130 francs avec des pièces de 5 francs et de 2 francs en n'employant que 35 pièces. Combien doit-on prendre de pièces de 5 fr. et combien de 2 fr?*

Soit x le nombre des pièces de 5 fr., le nombre des pièces de 2 fr. sera $35 - x$, et on aura :

$$5x + 2(35 - x) = 130,$$

ou en résolvant l'équation

$$5x + 70 - 2x = 130,$$

$$x = \frac{130 - 70}{3} = \frac{60}{3} = 20.$$

Le nombre de pièces de 2 fr. est alors

$$35 - 20 = 15.$$

Vérification.

$$5 \times 20 + 2 \times 15 = 130,$$
$$100 + 30 = 130.$$

149. PROBLÈME V. *Un père a 38 ans, son fils 3; dans combien de temps l'âge du père sera-t-il 6 fois celui du fils?*

Si x représente ce temps, les âges seront à ce moment

$$38 + x, \ 3 + x,$$

et on aura l'équation

$$38 + x = 6(3 + x),$$

qui donne

$$38 + x = 18 + 6x,$$

ou

$$38 - 18 = 6x - x;$$

d'où l'on tire

$$x = \frac{20}{5} = 4.$$

150. Généralisons les questions de ce genre comme au n° 147.

Soit a l'âge du père,

   b celui du fils,

   x le temps au bout duquel l'âge du père est m fois celui du fils,

On aura l'équation :

$$a + x = m\,(b + x),$$

qui donne pour solution :

$$x = \frac{a - bm}{m - 1}.$$

151. Problème VI. *Un père interrogé sur l'âge de son fils répond : si du double de l'âge qu'il a maintenant vous retranchez le triple de celui qu'il avait il y a 6 ans, vous aurez son âge actuel. Quel est l'âge du fils ?*

L'âge actuel étant représenté par x on a l'équation

$$2x - 3\,(x - 6) = x,$$

qui donne

$$2x - (3x - 18) = x,$$

$$2x - 3x + 18 = x;$$

d'où

$$x = \frac{18}{2} = 9.$$

152. Problème VII. *Une somme de 4300 fr. est partagée en deux parts, l'une est placée aux taux de 5 °/₀ et l'autre au taux de 4 °/₀. L'intérêt rapporté annuellement étant 200 fr., on demande la portion placée à 5 et celle placée à 4.*

Soit x la partie placée à 5 °/₀, celle placée à 4 °/₀ sera $4300 - x$, et l'on aura :

$$\frac{5x}{100} + \frac{(4300 - x)\,4}{100} = 200.$$

En résolvant cette équation on trouve :

$$5x + 17200 - 4x = 20000$$
$$x = 20000 - 17200$$
$$x = 2800.$$

La portion placée à 4 est alors

$$3500 - 2800 = 1500.$$

153. Généralisation.

Soit a la somme entière,

$\quad i$ l'intérêt,

et x la partie placée à 5 %.

L'équation du problème sera :

$$\frac{5x}{100} + \frac{4(a - x)}{100} = i$$

d'où $\qquad x = 100\,i - 4a.$

Ainsi, quelle que soit la somme dont les deux parties sont placées à 5 % et à 4 % et quel que soit l'intérêt rapporté, on aura la partie placée à 5 % en retranchant 4 fois la somme de 100 fois l'intérêt.

154. Remarque. Si pour un problème semblable on prenait des quantités numériques au hasard, il pourrait arriver qu'il fût impossible. On conçoit en effet que l'intérêt rapporté par les deux portions doit toujours être compris entre l'intérêt que rapporterait la somme entière si elle était placée à 5 % et celui qu'elle rapporterait si elle était placée à 4 %.

155. Problème VIII. *Deux trains de chemins de fer partent en même temps, l'un de Lyon et l'autre de Mâcon, dont la distance est de 66 kilomètres, et vont dans la direction de Paris. La vitessse moyenne du premier est de 40 kilomètres à* *l'heure et celle du second est de 31 kilomètres, pendant le même temps. On demande à quelle distance de Mâcon la rencontre aura lieu?*

<table>
<tr><td>66 k.</td><td></td><td>x k.</td></tr>
<tr><td>LYON</td><td>MACON</td><td>RENCONTRE</td></tr>
</table>

Soit x la distance de Mâcon au point de rencontre.

Lorsque deux mobiles se meuvent d'un mouvement uniforme, les chemins qu'ils parcourent pendant le même temps sont toujours proportionnels à leurs vitesses. Ainsi, si deux mobiles font pendant une unité de temps, le premier 2 kilomètres et l'autre 3; pendant un temps double ils feront, le premier 4 kilomètres, l'autre 6, et pendant un temps triple, le premier parcourra 6 kilomètres et l'autre 9.

Ceci posé, le rapport des chemins parcourus par les deux trains en question jusqu'au point de rencontre sera égal au rapport de leurs vitesses $\dfrac{40}{31}$.

Or, le train de Lyon jusqu'au point de rencontre fait $66 + x$ kilomètres, et l'autre pendant le même temps fait x k., on aura donc l'équation

$$\frac{66 + x}{x} = \frac{40}{31}.$$

Sa solution donne :

$$(66 + x)\, 31 = 40x,$$
$$2046 + 31x = 40x,$$
$$2046 = 40x - 31x = 9x,$$

d'où
$$x = \frac{2046}{9} = 227 \text{ k. } 33.$$

5

156. Généralisation.

$$
\begin{array}{lll}
d & & x \\
L & M & R \\
v & v'
\end{array}
$$

Représentons par v, v' les vitesses respectives des trains de Lyon et de Mâcon, par d la distance de ces deux villes et par x la distance de Mâcon au point de rencontre R, nous aurons

$$\frac{d+x}{x} = \frac{v}{v'}.$$

En résolvant cette équation, on obtient successivement :

$$(d+x)\,v' = vx,$$
$$dv' + v'x = vx,$$
$$dv' = vx - v'x,$$
$$dv' = (v - v')\,x,$$

d'où
$$x = \frac{dv'}{v - v'}.$$

Cette formule montre que, pour tout problème de ce genre, on trouvera le point de rencontre en multipliant la distance qui sépare les deux points de départ par la vitesse du courrier qui se trouve en avant et en divisant ce produit par la différence des vitesses des deux courriers.

Cette formule donne lieu à une discussion que nous verrons plus loin.

157. Si les élèves ont bien saisi les raisonnements de ces quelques problèmes, ils pourront sans trop de difficulté résoudre ceux qui suivent ; ils pourront d'ailleurs s'assurer de l'exactitude de leurs opérations en se reportant à la fin de ce volume ou se trouvent les réponses. De plus, je donne quelques indications sur la mise en équation de ceux qui

présentent quelques difficultés et sur certaines transformations qu'ils ne verraient peut-être pas facilement.

Je les engage beaucoup à résoudre tous ces problèmes et
à les étudier de manière qu'ils n'hésitent pas pour des
questions semblables. Après ces exercices, la mise en équation leur sera familière et les transformations qui arrêtent
souvent ceux qui sont peu exercés, deviendront un amuse-
ment.

EXERCICES. — PROBLÈMES.

158. Si de 5 fois un nombre on ôte 152, on obtient juste
le $\frac{1}{4}$ de ce nombre. Quel est-il?

159. On veut partager 136 francs entre trois personnes,
en ne donnant que des pièces de 10 francs à la première,
que des pièces de 5 francs à la seconde et que des pièces
de 2 francs à la troisième. Que revient-il à chaque personne
si elles doivent avoir le même nombre de pièces ?

160. La somme de 2 nombres est 76, les $\frac{3}{4}$ du premier
valent les $\frac{5}{6}$ du second. Quels sont ces nombres ?

161. Partager 36 en deux parties telles que le produit de
la première par $\frac{2}{3}$ ajouté au produit de la seconde par $\frac{4}{7}$
fasse 22.

162. Partager 107 en deux parties telles que la somme
des quotients de la première par 5 et de la seconde par 9,
soit 13.

163. On veut partager 1300 francs entre trois personnes de manière que la première ait 48 francs de plus que la seconde, et que celle-ci ait 20 francs de plus que la troisième. Que revient-il à chacune ?

164. Généraliser cette question en représentant la somme par S et les différences 48 et 20 par a et b.

165. Un maître promet à son domestique 200 francs par an et un habit, il le renvoie au bout de 10 mois et lui donne 160 francs plus l'habit. Quelle est la valeur de cet habit ?

166. Un mélange d'eau et d'alcool contient 2 litres d'alcool pour 32 d'eau ; combien faut-il lui ajouter d'eau pour qu'il ne contienne plus que 5 litres d'alcool pour trois hectolitres d'eau ?

167. Un père qui a 52 ans de plus que son fils a en même temps 5 fois l'âge de celui-ci. Quel est l'âge de chacun ?

168. Un père et son fils ont ensemble 91 ans ; l'âge du père est sextuple de celui du fils. Quel est l'âge de chacun ?

169. Un père à 52, ans son fils 17 ; combien y a-t-il d'années que l'âge du fils était la sixième partie de celui du père ?

170. Trois sœurs ont ensemble 38 ans ; l'aînée a 10 ans de plus que les deux autres ensemble, et la plus jeune a deux ans de moins que la cadette. Quel est l'âge de chacune ?

171. Pierre et Paul ont à eux d'eux 80 francs ; si Pierre avait le double de ce qu'il a, il aurait 10 francs de plus que Paul. Quel est l'avoir de chacun ?

172. On veut payer une somme S avec n pièces de a

francs et de b francs. Combien doit-on prendre de chacune de ces pièces ?

173. Partager 118 en trois parties telles que la seconde soit de $\frac{1}{3}$ plus grande que la première et que la troisième soit de $\frac{1}{5}$ plus grande que la seconde.

174. Un père de famille pour encourager son fils, jeune écolier, promet de lui donner 0 fr. 60 chaque semaine qu'il lui rapportera un *satisfecit*, mais à la condition que le fils lui rendra 0 fr. 75 pour chaque semaine où il n'obtiendra rien. Au bout du trimestre ou de 12 semaines, le décompte établit que l'enfant a droit à 3 fr. 15. Combien y a-t-il eu pour l'enfant de semaines où il a mérité, et de semaines où il a démérité?

175. Une famille qui a consommé 120 kilogrammes de pain dans un mois, en consomme 8 de plus le mois suivant et cependant elle dépense 3 fr. 60 de moins, par suite d'une baisse de prix de 0 fr. 05 par kilogramme. Quel était le prix du pain ?

176. Trois fontaines coulent dans un bassin ; la première le remplirait en 5 heures, la deuxième en 7 heures et la troisième en 11 heures. Ce bassin étant vide, si elles coulent ensemble, combien leur faudra-t-il de temps pour le remplir entièrement?

177. Généraliser cette question en représentant les temps que mettent les trois fontaines, coulant isolément, à remplir le bassin par t, t', t'', et par x celui qu'elles emploient pour le remplir lorsqu'elles coulent ensemble.

178. On a un lingot d'or pesant 320 grammes au titre de 0,640 et l'on veut élever ce titre à 0,720 en employant un

autre lingot au titre de 0,780. Combien doit-on prendre de ce lingot?

179. Généralisation. Soit P le poids du lingot donné, t son titre, x le poids du lingot qu'on doit prendre, t' son titre, enfin m le titre du lingot qu'on veut produire.

180. Il est midi à une montre; à quelles heures auront lieu les trois premières rencontres des deux aiguilles?

181. Un billet dont la valeur nominale est de 570 francs est escompté par la méthode rationnelle et au taux 6 %, 3 mois avant son échéance. A quelle somme ce billet se trouve-t-il réduit?

182. Avec deux qualités de vin à 23 fr. 50 et à 27 fr. 40 l'hectolitre, on veut faire 4 hectolitres d'un mélange qui revienne à 25 francs l'hectolitre. Combien doit-on prendre de chaque qualité?

183. Généralisation. Soit m et n les prix respectifs de ces qualités de vin, a la quantité du mélange qu'on veut faire et p le prix de l'hectolitre.

184. Déterminer la formule de l'escompte en dedans.

CHAPITRE IV

ÉQUATIONS DU PREMIER DEGRÉ A PLUSIEURS INCONNUES.

---

185. Jusqu'à présent nous n'avons eu à considérer qu'une seule inconnue, mais un grand nombre de problèmes pouvant donner naissance à plusieurs, nous allons résoudre les équations à plusieurs inconnues.

Soit proposée

$$4x + 6y = 74.$$

Si de cette équation on tire la valeur de x, on obtient

$$x = \frac{74 - 6y}{4}.$$

Cette expression renfermant l'inconnue y, la valeur de x est indéterminée : pour toute valeur, attribuée à y, x prend en effet, une valeur correspondante.

Donc une seule relation entre x et y; c'est-à-dire une seule équation ne suffit pas. Mais si l'on se donne une deuxième relation qui fournit une deuxième équation, il n'y aura plus qu'une valeur pour x et une pour y qui satisferont les deux équations.

Dans

$$4x + 6y = 74,$$

si l'on fait

$$x + y = 14,$$

il n'y aura que 5 pour x et 9 pour y qui transformeront ces deux équations en égalités.

Donc *quand un problème donne lieu à deux inconnues, il faut, pour qu'il soit déterminé, qu'il puisse fournir deux équations.*

RÉSOLUTION DE DEUX ÉQUATIONS A DEUX INCONNUES.

186. Pour cette résolution, on élimine une des deux inconnues, ce qu'on peut faire par trois méthodes différentes, il ne reste plus alors qu'une équation à une seule inconnue qu'on sait résoudre. Une fois qu'on.a la valeur d'une inconnue, on la substitue dans l'une des deux équations d'où il est facile ensuite de tirer celle de l'autre.

187. 1re MÉTHODE. ELIMINATION PAR SUBSTITUTION.

Soit à résoudre

$$2x + 5y = 26,$$
$$7x - 3y = 9.$$

De la première de ces deux équations, on tire

$$x = \frac{26 - 5y}{2}.$$

Cette valeur, mise à la place de x dans la seconde, donne

$$7\left(\frac{26 - 5y}{2}\right) - 3y = 9.$$

En résolvant cette équation qui ne renferme que l'inconnue y, on obtient

$$182 - 35y - 6y = 18,$$
$$182 - 18 = 35y + 6y,$$
$$x = \frac{164}{41} = 4.$$

Remplaçant maintenant y par sa valeur 4 dans la première équation donnée, on aura

$$2x + 20 = 26\,;$$

d'où

$$x = \frac{26 - 20}{2} = 3.$$

Les valeurs de x et de y sont donc 3 et 4.

188. Soit encore à résoudre

[1] $\qquad 5x - 2y = 4.$

[2] $\qquad 3x + 7y = 27.$

La seconde de ces deux équations donne

$$x = \frac{27 - 7y}{3}.$$

Cette valeur substituée dans [1] fournit

$$5\left(\frac{27 - 7y}{3}\right) - 2y = 4\,;$$

d'où l'on tire

$$y = 3.$$

3, mis à la place de y dans [2], donne

$$3x + 21 = 27\,;$$

d'où

$$x = \frac{27 - 21}{3} = 2.$$

189. REMARQUE. Les équations prises pour exemples ne renferment que trois termes, car on peut toujours ramener à cette forme toute équation du premier degré à deux inconnues en faisant évanouir les dénominateurs, et en faisant les réductions.

190. RÈGLE. *Pour résoudre un système de deux équations à*

deux inconnues par la méthode de substitution, on commence par faire disparaître les dénominateurs et faire les réductions s'il y a lieu ;

Puis on tire la valeur d'une des inconnues de l'une des deux équations et on substitue l'expression trouvée dans l'autre ; on obtient ainsi une équation à une seule inconnue dont il est facile de trouver la valeur.

Cette valeur est ensuite substituée dans l'une des deux équations données, d'où l'on tire la valeur de la deuxième inconnue.

191. 2ᵐᵉ Méthode. Élimination par réduction.

Quand une inconnue a le même coefficient dans les deux équations, on la fait disparaître facilement, en additionnant ces deux équations membre à membre si les termes où se trouve l'inconnue ont des signes contraires, ou en retranchant l'une de l'autre, si ces termes ont le même signe.

Soit par exemple

$$4x + 2y = 22,$$
$$-4x + 9y = 11.$$

Si nous additionnons ces deux équations membre à membre, x disparaîtra et nous aurons

$$11y = 33 ;$$

d'où

$$y = \frac{33}{11} = 3.$$

On trouvera ensuite x en traitant

$$4x + 6 = 22$$

qui est la première équation dans laquelle y a été remplacée par sa valeur 3.

192. Si l'on avait

$$4x + 2y = 22,$$
$$4x + 5y = 31,$$

on ferait disparaître x en retranchant membre à membre la première équation de la seconde, et on aurait

$$3y = 9,$$

d'où

$$y = \frac{9}{3} = 3.$$

193. Or, d'après (134), on peut toujours donner le même coefficient à une même inconnue dans deux équations ; il suffit en effet de multiplier tous les termes de la première par le coefficient de cette inconnue dans la seconde, et réciproquement de multiplier tous les termes de la seconde par le coefficient que cette même inconnue a dans la première.

Exemple. Soit à résoudre

[1] $$2x + 5y = 65,$$
[2] $$3x - 2y = 20.$$

Multiplions tous les termes de [1] par 3, et tous ceux de [2] par 2, nous aurons

$$6x + 15y = 195,$$
$$6x - 4y = 40 ;$$

et, si nous retranchons membre à membre cette dernière de l'autre, nous obtiendrons

$$19y = 155,$$

d'où

$$y = 8,21\ldots$$

194. REMARQUE. Il n'est pas toujours nécessaire de multiplier les termes de la première équation par le coefficient de l'inconnue considérée dans la seconde et réciproquement; on peut simplifier dans beaucoup de cas : ainsi, par exemple, si le coefficient de x était, dans une des équations la moitié, le tiers..... de ce qu'il est dans l'autre, on simplifierait en multipliant tous les termes de la première par 2, 3....

195. 3ᵐᵉ MÉTHODE. ÉLIMINATION PAR COMPARAISON.

Soit à résoudre

$$5x - 3y = 13,$$
$$2x + 8y = 42.$$

On tire la valeur d'une même inconnue, x par exemple, dans les deux équations :

$$x = \frac{13 + 3y}{5},$$

$$x = \frac{42 - 8y}{2}.$$

Ces deux expressions représentant chacune la valeur de x, fournissent

$$\frac{13 + 3y}{5} = \frac{42 - 8y}{2};$$

d'où l'on tire

$$y = 4.$$

En remplaçant y par 4 dans l'une des équations données, on trouve 5 pour la valeur de x.

Formules générales pour la résolution des équations du premier degré à deux inconnues.

196. J'ai déjà dit qu'après l'évanouissement des dénominateurs et après réduction des termes semblables, les équations du premier degré à deux inconnues étaient toujours ramenées à ne contenir que trois termes : un renfermant l'inconnue x, un deuxième renfermant l'inconnue y et le troisième ne renfermant aucune inconnue.

Si alors on représente les coefficients de x et de y par a et par b, dans la première d'un système de deux équations à deux inconnues, et par a' et b' dans la seconde; si on représente aussi la quantité connue de la première équation par c et celle de la seconde par c', on aura le système général de deux équations du premier degré à deux inconnues

$$ax + by = c,$$
$$a'x + b'y = c'.$$

a, a', b, b', c, c' pouvant être quelconques, positifs ou négatifs.

En résolvant ces deux équations par l'une des méthodes précédentes, on arrive aux formules générales :

$$x = \frac{cb' - bc'}{ab' - ba'},$$
$$y = \frac{ac' - ca'}{ab' - ba'}.$$

197. Il est facile d'écrire ces formules sans passer par une méthode d'élimination. On remarque en effet *que le dénominateur, facile à retenir,* $ab' - ba'$ *se trouve dans les deux fractions et que pour former le numérateur de la première, il suffit de remplacer dans le dénominateur commun a et a' par les termes connus c et c', et que pour former le numérateur de la seconde, il faut remplacer b et b' par c et $c'.*

198. APPLICATIONS. Soit à résoudre :

$1°$
$$3x + 5y = 31,$$
$$4x + 2y = 32.$$

Dans ces deux équations,

$$a = 3,\ b = 5,\ c = 31,$$
$$a' = 4,\ b' = 2,\ c' = 32.$$

En appliquant les formules générales, on obtient :

$$x = \frac{31 \times 2 - 5 \times 32}{3 \times 2 - 5 \times 4} = \frac{62 - 160}{6 - 20} = 7,$$
$$y = \frac{3 \times 32 - 31 \times 4}{3 \times 2 - 5 \times 4} = \frac{96 - 124}{6 - 20} = 2.$$

2°
$$7x - 2y = -5,$$
$$-4x + 8y = 44.$$

En remplaçant dans les formules générales a par 7, b par —2, c par —5 et a' par —4, b' par 8, c' par 44, on obtient :

$$x = \frac{-5 \times 8 - (-2 \times 44)}{7 \times 8 - (-2 \times -4)} = \frac{-40 - (-88)}{56 - (8)} = \frac{-40 + 88}{56 - 8} = 1,$$
$$y = \frac{7 \times 44 - (-5 \times -4)}{7 \times 8 - (-2 \times -4)} = \frac{308 - (20)}{56 - (8)} = \frac{308 - 20}{56 - 8} = 6.$$

RÉSOLUTION DES ÉQUATIONS DU PREMIER DEGRÉ
A PLUS DE DEUX INCONNUES.

199. Quand un problème donne lieu à trois inconnues, il faut aussi, pour qu'il soit déterminé, qu'il donne lieu à trois équations. D'une manière générale, il faut qu'on puisse tirer de l'énoncé d'un problème autant d'équations qu'il y a d'inconnues.

200. Considérons d'abord trois équations à trois inconnues, et soit à résoudre :

$$2x + 3y + 5z = 33,$$
$$8x - 2y - 2z = 2,$$
$$-3x + 5y + 3z = 21.$$

Tirons la valeur de x dans la première, nous aurons

$$x = \frac{33 - 3y - 5z}{2};$$

cette valeur, substituée dans les deux autres, donnent les deux équations à deux inconnues

$$8\left(\frac{(33 - 3y - 5z)}{2}\right) - 2y - 2z = 2,$$

$$-3\left(\frac{(33 - 3y - 5z)}{2}\right) + 5y + 3z = 21,$$

qui simplifiés deviennent

[1] $\qquad\qquad 28y + 44z = 260,$

[2] $\qquad\qquad 19y + 21z = 141.$

Si maintenant, continuant la même marche, on tire la valeur de y dans [1] et si on la substitue dans [2], on aura une équation ne renfermant plus que z dont on aura facilement la valeur.

On trouve

$$z = 4.$$

Cette valeur substituée dans [1] donne

$$28y + 44 \times 4 = 260,$$

dont

$$y = 3.$$

Enfin y et z remplacées par leurs valeurs respectives 3 et 4 dans l'une des trois équations données, la première par exemple, fournissent

$$2x + 3 \times 3 + 5 \times 4 = 33,$$

d'où

$$x = 2.$$

201. Pour cette résolution, on a employé la méthode de substitution, mais on aurait pu employer tout autre procédé d'élimination.

202. Pour un plus grand nombre d'équations, on suivrait la même marche :

On éliminerait une à une les différentes inconnues, ce qui ferait disparaître un même nombre d'équations; on arriverait ainsi à une équation ne renfermant plus qu'une seule inconnue dont on tirerait la valeur. Puis, remontant successivement aux différentes équations trouvées et en y substituant les valeurs des inconnues à mesure qu'on les obtient, on arriverait à déterminer successivement toutes ces inconnues.

203. Remarque. Il arrive quelquefois que toutes les inconnues n'entrent pas dans une même équation, dans ce cas les procédés sont toujours les mêmes et l'élimination n'en est que plus rapide.

EXERCICES.

204. Résoudre par chacune des trois méthodes d'élimination les systèmes suivants d'équation à deux inconnues :

1°
$$4x - 7y = 6,$$
$$-8x + 5y = -30;$$

2°
$$524 - 17x = 134,$$
$$3x = 7y;$$

3°
$$\frac{x+y}{5} = \frac{5x+2}{15},$$
$$4x + 3 = 5y;$$

4°
$$(x+3)(y-2) = xy + 1,$$
$$\frac{5x}{2} = \frac{10y}{5};$$

$5°$
$$2x - y = 1,$$
$$\frac{1 + x + y}{3} = \frac{5y - 2x - 1}{6};$$

$6°$
$$7x + 4y - 3\left(\frac{15 - 5x + 6y}{4}\right) = 19,$$
$$2x + y + 6\left(\frac{15 - 5x + 6y}{4}\right) = 46;$$

$7°$
$$(x + 5)(y + 7) = (x + 1)(y - 9) + 112,$$
$$2x + 10 = 3y + 1.$$

205. Résoudre les équations littérales à deux inconnues :

$1°$
$$ax + by = c,$$
$$a'x + b'y = c';$$

$2°$
$$\frac{a}{b + y} = \frac{b}{a + x};$$
$$ax + by = d.$$

206. Résoudre les équations à trois inconnues :

$1°$
$$x + y + z = 9,$$
$$4x - 2y + z = 6,$$
$$-3x + 5y - 3z = -3;$$

$2°$
$$5x - 6y + 4z = 15,$$
$$7x + 4y - 3z = 19,$$
$$2x + y + 6z = 46;$$

$3°$
$$\frac{x}{3} + \frac{y}{5} + \frac{2z}{7} = 58,$$
$$\frac{5x}{4} + \frac{y}{6} + \frac{z}{3} = 76,$$
$$\frac{x}{2} - \frac{y}{5} + \frac{7z}{40} = \frac{147}{5}.$$

·207. Résoudre le système de quatre équations à quatre inconnues :

$$3x - 2y - z + 5u = 18,$$
$$y + z + u = 12,$$
$$-5x + 3y - 4z + 3u = 3,$$
$$9x + 5y - 4u = 4.$$

RÉSOLUTION DES PROBLÈMES DU PREMIER DEGRÉ
A PLUSIEURS INCONNUES.

208. Après avoir lu attentivement l'énoncé du problème, on fait le choix des inconnues, on met ensuite ce problème en équations et on résout ces équations par la méthode d'élimination qui permet d'arriver le plus rapidement au résultat.

209. PROBLÈME I. *Pierre et Paul ont à eux deux 450 fr., si Pierre donnait 25 francs à Paul, les avoirs seraient égaux. Quels sont-ils?*

Représentons par x l'avoir de Pierre et par y celui de Paul ; l'énoncé fournit les deux équations

$$x + y = 450,$$
$$x - 25 = y + 25.$$

Ces deux équations résolues par la méthode d'élimination par réduction donnent

$$x = 250,$$
$$y = 200.$$

210. PROBLÈME II. *Le premier de deux nombres ajouté au tiers du second donne pour somme 60; d'un autre côté on sait que les $\frac{3}{4}$ du premier diminués des $\frac{2}{5}$ du second donnent pour différence 6. Quels sont ces nombres?*

Soient x et y ces deux nombres, l'énoncé donne

$$x + \frac{y}{3} = 60$$

$$\frac{x3}{4} - \frac{2y}{5} = 6.$$

Ces deux équations réduites au même dénominateur donnent pour solution

$$x = 40,$$
$$y = 60.$$

211. PROBLÈME III. *On veut payer une somme de 450 francs avec des pièces de 5 francs et de 10 francs en n'employant que 55 pièces. Combien doit-on prendre de pièces de chaque espèce?*

Représentons par x et par y les nombres de pièces de 5 francs et de 10 francs qu'on doit employer, nous aurons, d'après l'énoncé, les deux équations

$$x + y = 55,$$
$$5x + 10y = 450$$

dont la solution est

$$x = 20,$$
$$y = 35.$$

212. PROBLÈME IV. *J'ai un certain nombre de pièces de 0,05 centimes dans chacune de mes mains, si j'en passe 4 de la main gauche dans la droite, celle-là ne contient plus que les $\frac{2}{3}$ de ce qu'il y a dans l'autre; mais si j'en passe 4 de la droite dans la gauche, celle-ci contient le double de ce qu'il y a dans l'autre. Dire le nombre de pièces contenues dans chaque main.*

x représentant le nombre des pièces contenues dans la

main gauche, y celui des pièces contenues dans la droite, on tire aisément de l'énoncé du problème

$$x - 4 = \frac{2}{3}(y + 4),$$
$$x + 4 = 2(y - 4).$$

Ces deux équations résolues donnent

$$x = 16,$$
$$y = 14.$$

213. PROBLÈME V. *Un nombre est composé de deux chiffres dont la somme est 10, si l'on transpose ces chiffres, c'est-à-dire si l'on met le chiffre des dizaines à la place de celui des unités et réciproquement, on obtient un nouveau nombre qui vaut deux fois le premier plus 26. Quel est ce nombre?*

Soient x le premier chiffre ou chiffre des dizaines et y le second, la première condition du problème fournit l'équation

$$x + y = 10,$$

et la seconde donne

$$10y + x = 2(10x + y) + 26.$$

$10x + y$ représente le nombre d'unités contenues dans le nombre donné et $10y + x$ le nombre d'unités contenues dans celui qui est formé en mettant les dizaines à la place des unités et réciproquement.

La solution de ces deux équations est

$$x = 2,$$
$$y = 8,$$

le nombre considéré est donc 28.

214. PROBLÈME VI. *D'après Vitruve, Hiéron, roi de Syra-*

cuse, avait donné 20 *livres d'or pour faire une couronne, la couronne faite pesait* 20 *livres; mais l'orfèvre ayant été soupçonné d'avoir remplacé une certaine quantité d'or par de l'argent, Archimède fut chargé de s'en assurer. Ce savant trouva que l'or pesé dans l'eau, perd* $\dfrac{1}{19,64}$ *de son poids, que l'argent perd* $\dfrac{1}{10,5}$ *et que la perte de poids par la couronne était de* 1 *livre* $\dfrac{1}{4}$. *Comment arriver au résultat avec ces données?*

Représentons par x le poids de l'or exprimé en livres et par y celui de l'argent, nous aurons les deux équations

$$x + y = 20,$$

$$\frac{x}{19,64} + \frac{y}{10,5} = 1,25.$$

En les résolvant on trouve

$$x = 14 \text{ livres } 77,$$
$$y = 5 \text{ livres } 23.$$

Par conséquent l'orfèvre avait substitué 5 livres 23 d'argent à autant d'or.

215. Problème VII. *Trouver deux nombres dont la somme soit a et le quotient du premier par le second soit m.*

x et y représentant ces deux nombres, on a

$$x + y = a,$$

et

$$\frac{x}{y} = m\,;$$

d'où l'on tire

$$x = \frac{am}{m+1},$$

$$y = \frac{a}{m+1}.$$

216. Problème VIII. *Trouver trois nombres tels que la somme des deux premiers soit 17, que celle des deux derniers soit 11, et que celle du premier et du dernier soit 14.*

x, y, z, représentant ces trois nombres, on obtient les trois équations

$$x + y = 17,$$
$$y + z = 11,$$
$$x + z = 14;$$

qui donnent

$$x = 7,$$
$$y = 10,$$
$$z = 4.$$

217. Un grand nombre de problèmes ne peuvent se résoudre en arithmétique que par des méthodes particulières, spéciales; souvent on n'arrive à leurs solutions qu'en faisant des suppositions, qu'en se plaçant dans des cas particuliers. Mais si l'on raisonne sur les inconnues, ces questions sont considérablement simplifiées, et pour les résoudre on n'a pas besoin d'en connaître les méthodes spéciales de solution.

Ainsi, pour beaucoup de problèmes d'alliage et de mélange, on est obligé de faire un raisonnement long et difficile et que l'élève ne peut guère trouver seul; pour calculer l'escompte en dedans, on est obligé de faire une supposition et de raisonner par analogie, etc. Ces sortes de problèmes doivent donc être étudiés à part en arithmétique. Je le répète, l'élève ne peut guère les résoudre, s'il ne connaît au préalable la marche à suivre. Au contraire, s'il sait résoudre une équation et s'il sait en faire l'emploi, il n'éprouvera aucune difficulté (178, 181, 182).

Exemples :

218. Problème I. *Avec deux qualités de vin à 25 francs l'hectolitre et à 32 francs, on veut faire un mélange de 12 hectolitres qui revienne à 29 francs l'un. Combien d'hectolitres doit-on prendre de chaque qualité?*

Soit x la quantité de la première qualité,

y »   seconde qualité.

L'énoncé fournit :

$$x + y = 12,$$
$$25x + 32y = 29 \times 12.$$

En résolvant ces deux équations, on trouve

$$x = 5,143,$$
$$y = 6,857.$$

219. En arithmétique j'ai déjà fait remarquer que lorsqu'on a trois qualités de matières à mélanger, pour un problème semblable, ce problème est indéterminé. En raisonnant sur les inconnues, on aperçoit facilement cette indétermination, puisque l'énoncé ne peut fournir que deux équations et qu'il renferme trois inconnues.

220. Problème II. *Un billet de 5400 a été escompté quatre mois avant son échéance au taux 6 °/₀ et par la méthode rationnelle. Quel a été cet escompte?*

Pour résoudre ce problème par l'algèbre, il suffit de savoir que l'escompte en dedans d'un billet est l'intérêt simple de la valeur *réelle* de ce billet pendant le temps compris entre la négociation et l'échéance et que sa valeur nominale est égale à la valeur réelle plus l'escompte.

Soit x la valeur réelle de ce billet, on aura, d'après ce qui vient d'être dit,

$$x + \frac{x \times 6 \times 4}{1200} = 5400;$$

d'où

$$x = 5294,1.$$

L'escompte est donc

$$5400 - 5294,1 = 105,9.$$

221. Il est facile d'ailleurs de trouver une formule qui donne immédiatement l'escompte sans avoir besoin de calculer la valeur réelle (184).

EXERCICES. — PROBLÈMES.

222. Deux ouvriers travaillant, le premier quatre jours et l'autre six jours, ont fait 62 mètres d'un certain ouvrage, si le premier avait travaillé deux jours de plus et le second deux jours de moins, ils auraient fait 58 mètres du même ouvrage. On demande ce que chacun a fait par jour?

223. Un marchand a acheté une première fois 250 mètres de drap et 160 de toile pour la somme de 3900 francs; une seconde fois, 300 mètres du même drap et 200 de la même toile pour 4700 francs. On demande le prix d'un mètre de drap et celui d'un mètre de toile?

224. Une fraction est telle que si l'on ajoute 3 à son numérateur elle devient égale à l'unité, et si l'on ajoute cette même quantité à son dénominateur elle devient égale à $\frac{1}{4}$. Quelle est-elle?

225. Quelle est la fraction qui devient égale à $\frac{1}{4}$ quand on diminue ses deux termes de 4 et qui devient égale à $\frac{3}{4}$

quand au contraire on les augmente de la même quantité?

226. Des officiers ont fait un repas de corps, s'ils avaient été 5 de plus et qu'ils eussent payé chacun 1 franc de plus, la dépense se serait augmentée de 61 francs 50 ; mais s'ils avaient été trois de moins en payant 1 franc 50 de moins, la dépense eût été réduite de 42 francs. Combien étaient-ils et combien chacun a-t-il payé?

La somme de deux est a, leur différence est b, trouver les formules de ces nombres?

227. Un objet en fer recouvert d'une forte couche de cuivre pèse 16 kilog., pesé dans l'eau il perd 2 kilog. 050. Sachant que la densité du fer est.7,5, que celle du cuivre est 8,8. On demande le poids du fer et celui du cuivre ?

228. Soit P le poids de deux métaux alliés sans condensation, p leur perte de poids dans l'eau, d et d' leurs densités respectives. On demande de déterminer les formules qui donnent les poids des métaux entrant dans l'alliage?

229. Un marchand en mélangeant 3 hectolitres 5 d'une qualité de vin avec 7 hectolitres 4 d'une qualité inférieure, peut revendre l'hectolitre du mélange 24 francs 12; s'il mélangeait 8 hectolitres du premier avec 5 hectolitres 5 du second, il serait obligé de vendre le mélange 22 francs 61 l'hectolitre. On demande le prix de l'hectolitre de chacune de ces deux qualités de vin ?

230. Soit a la quantité de la première qualité qu'on mélange avec b, quantité de la seconde, et soit c le prix de l'hectolitre de ce mélange; soit d'ailleurs a', b' deux nouvelles quantités dont le prix du mélange est de c' l'hectolitre: déterminer les formules qui expriment les prix x et y de ces deux qualités de vin?

231. On a deux alliages d'argent aux titres respectifs de 0,920 et 0,720, quelle quantité devra-t-on prendre de chacun de ces alliages pour faire 2 kilog. 4 d'un troisième au titre de 0,900 ?

232. Soient p, p' les prix respectifs de l'hectolitre de deux qualités de vin. On veut mélanger ces deux qualités de telle sorte que le prix moyen de l'hectolitre de mélange soit m. Si l'on veut faire un mélange de a hectolitres, combien devra-t-on en prendre de la première qualité et combien de la seconde ?

233. On a trois fûts exactement remplis par 270 litres de vin. Pour en remplir un quatrième dont la contenance est de 215 litres, il faut vider entièrement les deux premiers et la moitié du troisième; tandis que si l'on avait commencé par le dernier il aurait suffi de 5 litres du premier avec les deux autres pour le remplir. On demande la capacité de chacun de ces trois fûts.

234. On a un nombre de trois chiffres dont la somme est 15; si l'on met le chiffre des centaines à la place de celui des unités et réciproquement, on obtient un nouveau nombre qui est égal à trois fois le premier plus 78, et si l'on transpose le chiffre des centaines et celui des dizaines, on obtient un troisième nombre qui est égal au précédent diminué de 324. Quel est le nombre donné ?

CHAPITRE IV

—

SOLUTIONS NÉGATIVES. — IMPOSSIBILITÉ.
INDÉTERMINATION.
DISCUSSION DE QUELQUES FORMULES.

———

SOLUTIONS NÉGATIVES. — IMPOSSIBILITÉ.

235. Dans tous les problèmes précédents nous avons obtenu des résultats *positifs;* mais il arrive quelquefois, quand les énoncés sont vicieux, qu'on obtient pour solution d'un problème une valeur négative. Ce résultat, en général vide de sens, montre que le problème est impossible tel qu'il est énoncé.

236. Exemple. *Trouver un nombre tel que 4 fois ce nombre plus 31 égalent 38 plus 5 fois ce nombre.*

On voit aisément que cet énoncé est absurde, qu'il est impossible de trouver un nombre qui satisfasse à la condition donnée; mais si nous opérons comme si cette absurdité ne s'était pas révélée, le résultat nous l'indiquera.

L'équation fournie par l'énoncé est

$$4x + 31 = 38 + 5x;$$

d'où l'on tire

$$x = -7.$$

—7 n'a aucun sens et indique en effet que le problème est impossible.

237. Autre Exemple. *On a acheté un certain nombre de mètres d'étoffe pour une certaine somme; si on avait payé le mètre 1 franc de plus et pris 3 mètres de moins on aurait dépensé 8 francs de plus; et si l'on avait payé le mètre 2 francs de moins et pris 5 mètres de plus, on aurait dépensé 25 francs de moins. Combien a-t-on acheté de mètres d'étoffe et quel est le prix de l'un?*

Soit x le nombre de mètres et y le prix de l'un, on a

$$(x-3)(y+1) = xy + 8,$$
$$(x+5)(y-2) = xy - 25.$$

Ces équations simplifiées deviennent

$$-2x + 5y = -15,$$
$$x - 3y = 11;$$

d'où l'on tire

$$x = -10,$$
$$y = -7.$$

Ce résultat montre également que le problème proposé est impossible.

238. L'impossibilité d'un problème n'est pas seulement révélée par un résultat négatif. Un problème serait encore impossible si on arrivait à

$$ax = x,$$

a étant un nombre quelconque; et si l'on arrivait à

$$ax = o.$$

239. Quelquefois cependant la solution négative est la vraie solution d'un problème et cela a lieu quand l'inconnue peut être prise en deux sens opposés; sa valeur absolue est alors la solution cherchée et son signe indique que cette

valeur doit être prise dans un sens opposé à celui qui est indiqué dans l'énoncé.

240. Pour bien comprendre cette interprétation, il faut bien s'entendre sur la signification du signe —.

Jusqu'à présent, ce signe a présenté à notre esprit l'idée de soustraction, opération inverse de l'addition; mais on peut lui attribuer un sens plus général, le *sens de l'opposition*. Par conséquent, si on cherche un bénéfice et qu'on tombe sur une quantité négative, il faudra voir dans ce résultat une perte au lieu d'un gain, et si, voulant déterminer une époque et considérant une époque antérieure à ce moment, on trouve pour résultat une quantité négative, il faudra voir également dans ce résultat une époque contraire, c'est-à-dire postérieure.

Ceci dit, considérons quelques problèmes qui élucideront cette question.

241. Problème I. *Un père a 46 ans, son fils 19 ; dans combien de temps l'âge du père sera-t-il 4 fois celui du fils?*

Soit x ce temps, nous aurons

$$46 + x = 4\,(19 + x),$$
$$46 + x = 76 + 4x,$$
$$3x = -30,$$
$$x = -10.$$

Cette solution indique que ce moment ne peut se trouver dans l'avenir, par conséquent il doit se trouver dans le passé.

Si on le cherche en effet dans le passé, on a l'équation

$$46 - x = 4\,(19 - x),$$

d'où
$$x = 10.$$

Donc — 10 était bien la solution du problème, le signe — indiquant que le temps cherché doit être pris en sens contraire, c'est-à-dire dans le passé.

242. Problème II. *Deux courriers suivent la même route et vont dans la même direction, la vitesse du premier est de 7 kilomètres 5 à l'heure et celle de l'autre de 6 kilomètres pendant le même temps. A un moment donné le premier se trouve en A et l'autre en B, points distants de 15 kilomètres 5. On demande à quelle distance du point A le deuxième courrier atteindra le premier?*

$$\overset{\text{15,5}}{\underset{\substack{B \\ 6}}{\rule{0pt}{0pt}}} \qquad \overset{}{\underset{\substack{A \\ 7,5}}{\rule{0pt}{0pt}}} \qquad \overset{x}{\underset{R}{\rule{0pt}{0pt}}}$$

Soit x la distance de A au point de rencontre R, le chemin que parcourrait le premier serait x, celui que parcourrait l'autre serait $15,5 + x$, et comme les chemins parcourus sont proportionnels aux vitesses, on aurait

$$\frac{15,5 + x}{x} = \frac{6}{7,5},$$

d'où $\qquad x = -\,77$ kilomètres 3.

Cette solution négative montre aussi que le deuxième courrier ne saurait atteindre le premier, mais qu'au contraire celui-ci a atteint le second et à 77 kilomètres 3 du point A.

243. De ce qui précède, on peut tirer les deux conséquences suivantes :

1° *Quand, dans la résolution d'un problème, on arrive à une solution négative, si l'inconnue n'est pas susceptible d'être comptée en deux sens, il faut rejeter ce problème comme absurde.*

2° *Si au contraire l'inconnue est susceptible d'être comptée en deux sens, la solution négative est* EN GÉNÉRAL *la vraie solution du problème, le signe indiquant que sa valeur absolue doit être prise dans un sens contraire à celui de l'énoncé.*

INDÉTERMINATION.

244. Nous savons déjà qu'un problème est indéterminé, quand il donne lieu à moins d'équations qu'il renferme d'inconnues. Dans ce cas, en effet, on ne peut trouver la valeur d'une inconnue qu'en *fonction* d'une autre inconnue, et pour chaque valeur attribuée à cette dernière l'autre prend une valeur correspondante.

245. Un problème est encore indéterminé, quand l'une des équations fournie *rentre* dans l'une des autres ou dans un ensemble d'autres.

Ainsi un problème serait indéterminé s'il donnait lieu à

$$2x + 4y - 3z = 2,$$
$$7x - 2y + z = 21,$$
$$9x + 2y - 2z = 23,$$

parce que la troisième s'obtient en additionnant les deux autres membre à membre.

246. Mais le plus souvent un problème est indéterminé quand sa solution est

$$0x = 0,$$

où

$$x = \frac{0}{0};$$

en effet, toute valeur, multipliée par 0 donnant 0, peut être attribuée à x.

Le symbole

$$x = \frac{0}{0},$$

est appelé *symbole de l'indétermination*.

EXEMPLE :

Trouver un nombre dont les $\frac{17}{12}$ augmentés de 9 fassent autant que les $\frac{2}{3}$ de ce nombre plus les $\frac{3}{4}$ de la somme obtenue en ajoutant 12 unités au nombre lui-même.

On obtient, en représentant ce nombre par x,

$$\frac{17}{12}x + 9 = \frac{2}{3}x + \frac{3}{4}(x + 12),$$
$$17x + 108 = 17x + 108,$$
$$(17 - 17)x = 108 - 108,$$
$$0x = 0,$$
$$x = \frac{0}{0};$$

toute valeur donnée à x satisfait l'équation

$$0x = 0,$$

donc ce problème est indéterminé.

DISCUSSION DES PROBLÈMES.

247. En raisonnant sur des lettres, on arrive à des formules qui indiquent, pour toutes les questions du même genre, les calculs à effectuer pour arriver aux résultats. Or, en donnant aux lettres des formules toutes valeurs, on arrive à des cas particuliers qu'il importe de considérer et dont l'examen constitue la *discussion du problème*.

Exemples :

248. Reprenons le problème des courriers et *supposons qu'ils aillent dans la même direction en suivant la même ligne X, Y; supposons aussi qu'à un moment considéré le dernier soit au point A et l'autre au point B, points éloignés de la quantité d; soit enfin v et v' leurs vitesses et R le point de rencontre. On demande quelle est la distance de ce point au point B.*

$$\overset{d}{}\qquad\overset{x}{}$$

$$X \qquad A \qquad B \qquad\qquad R \qquad\qquad Y$$
$$ v \qquad\quad v'$$

Nous savons déjà que de cet énoncé on tire l'équation

$$\frac{d + x}{x} = \frac{v}{v'},$$

d'où

$$x = \frac{dv'}{v - v'}.$$

Discutons ce résultat.

Nous voyons tout de suite que le produit dv' est positif, puisqu'il est formé de deux facteurs réels, positifs. Il ne reste donc qu'à examiner le dénominateur.

1er cas. Soit $v > v'$, dans ce cas la différence est positive et le quotient de dv' par cette différence positive est positif; ce qui signifie que la rencontre aura lieu et dans le sens indiqué par l'énoncé.

2me cas. Soit $v = v'$, la différence est alors 0, et

$$x = \frac{dv'}{0}.$$

Ce résultat demande une explication:

On sait que lorsqu'on divise un nombre par un autre qui

7

devient de plus en plus petit, le quotient devient de plus en plus grand, en sorte que si ce diviseur devient infiniment petit le quotient devient infiniment grand, tandis que le diviseur tend vers la limite 0, le quotient tend vers l'infini; l'expression $\dfrac{m}{0}$ ou $\dfrac{dv'}{0}$ est donc infiniment grande et nous pouvons la représenter par le *symbole de l'infini* ∞ et écrire

$$x = \dfrac{dv'}{0} = \infty\,;$$

ce qui montre que la rencontre n'aura jamais lieu. On doit nécessairement arriver à ce résultat puisque les vitesses des deux courriers sont supposées égales.

3me cas. Soit $v < v'$; dans ce cas le dénominateur $v - v'$ devient négatif et x est égale à une valeur négative. Ce résultat montre (242) que la rencontre ne peut avoir lieu dans le sens indiqué par l'énoncé, mais qu'elle a eu lieu et à une distance du point B représentée par la valeur absolue de $\dfrac{dv'}{v - v'}$.

249. *Une somme a est divisée en deux parties, l'une x est placée à 5 °/₀ et l'autre a — x est placée à 3 ; l'intérêt rapporté annuellement est b. On demande la partie placée à 5 °/₀ et celle placée à 4 °/₀.*

La somme des intérêts de ces deux parts égale b, donc nous aurons l'équation

$$\frac{5x}{100} + \frac{3\,(a - x)}{100} = b,$$

ou

$$5x + 3a - 3x = 100b,$$

d'où

$$x = \frac{100b - 3a}{2}.$$

Pour que le problème soit possible, il faut évidemment que $100b$ soit plus grand que $3a$, ou que b soit plus grand que $\dfrac{3a}{100}$.

D'un autre côté, supposons que ce soit x qui soit placée à 3 %, nous aurons

$$\frac{3x}{100} + \frac{5\,(a-x)}{100} = b,$$

ou $\qquad 3x - 5x = 100b - 5a,$

d'où $\qquad x = \dfrac{5a - 100b}{2}.$

Pour la même raison, $100b$ doit être plus petit que $5a$ ou b plus petit que $\dfrac{5a}{100}$.

Donc 1° $\qquad b > \dfrac{3a}{100},$

2° $\qquad b < \dfrac{5a}{100};$

c'est-à-dire que l'intérêt donné doit toujours être plus grand que celui qui serait rapporté si toute la somme était placée au taux inférieur et doit être plus petit que celui qui serait rapporté par toute la somme placée au taux supérieur, ce qu'on conçoit d'ailleurs aisément.

CHAPITRE V

ÉQUATION DU DEUXIÈME DEGRÉ A UNE INCONNUE.

---

250. Avant d'aborder la résolution des équations du deuxième degré, il faut étudier les carrés et racines carrées des expressions algébriques.

Carré et racine carrée des monômes.

251. Nous savons déjà que pour élever une quantité au *carré* ou à la deuxième *puissance*, il faut la multiplier par elle-même : ainsi

$$a^2 = a.a,$$
$$(ab)^2 = ab.ab = a^2b^2,$$
$$(3a^2bc^3)^2 = 3a^2bc^3.3a^2bc^3 = 9a^4b^2c^6,$$
$$(-5a^2b)^2 = -5a^2b. -5a^2b = 25a^4b^2,$$
$$(-7ab^2c^3)^2 = -7ab^2c^3. -7ab^2c^3 = 49a^2b^4c^6.$$

Ces exemples suffisent pour montrer *qu'on élève un monôme au carré en faisant le carré de son coefficient et en doublant ses exposants.*

252. On élève une fraction algébrique au carré en faisant le *carré de chacun de ses termes*

$$\left(\frac{a}{b}\right)^2 = \frac{a}{b} \times \frac{a}{b} = \frac{aa}{bb} = \frac{a^2}{b^2}.$$

253. La *racine carrée* d'une expression algébrique est une autre expression qui, élevée au carré, reproduit la première.

On indique qu'on doit extraire la racine carrée d'une expression algébrique en l'écrivant sous ce signe $\sqrt{}$ qu'on appelle *radical*.

$$\sqrt{a^2} = a \text{ et } - a,$$

ces deux quantités, élevées au carré, reproduisent en effet a^2.

$$\sqrt{a^2 b^2} = ab \text{ et } - ab,$$
$$\sqrt{9a^4 b^2} = 3a^2 b \text{ et } -3a^2 b,$$
$$\sqrt{49 a^4 b^2 c^6} = 7a^2 bc^3 \text{ et } - 7a^2 bc^3.$$

Comme on le voit, une quantité a toujours deux racines carrées, l'une positive, l'autre négative, et ayant la même valeur absolue, ce qu'on exprime par

$$x = \pm \sqrt{m}.$$

254. D'après ce qui précède, on extrait la racine carrée d'un monôme en *extrayant la racine carrée de son coefficient et en divisant les exposants de ses facteurs par 2.*

De sorte que, pour qu'un monôme soit carré parfait, il faut que son coefficient le soit, et que les exposants de ses facteurs soient pairs.

$$9a^3 b^2, \ 15a^2 b^2, \ 7a^3 b$$

ne sont pas des monômes carré parfait.

255. Mais, lorsqu'un monôme n'est pas carré parfait,

dans la plupart des cas, on peut le décomposer en deux facteurs, dont l'un soit carré parfait.

Soit par exemple
$$27a^4b^3c^5,$$
ce monôme est égal à
$$9a^4b^2c^4 \times 3bc;$$
de telle sorte que

$$\sqrt{27a^4b^3c^5} = \sqrt{9a^4b^2c^4} \times \sqrt{3bc},$$
$$= 3a^2bc^2 \times \sqrt{3bc}.$$

Donc, quand on doit extraire la racine carrée d'un monôme, non carré parfait, *on peut faire sortir du radical le facteur carré parfait, après avoir extrait sa racine.*

256. Réciproquement, si l'on avait à multiplier une quantité par la racine indiquée d'un monôme, *on pourrait tout faire entrer sous le radical en remplaçant cette quantité par son carré.*

$$3a^2bc \times \sqrt{3bc^2} = \sqrt{9a^4b^2c^2} \times \sqrt{3bc^2},$$
$$= \sqrt{27a^4b^3c^4}.$$

D'après cela :
$$\sqrt{9a^4b^2c^3d} = 3a^2bc\sqrt{cd},$$
$$\sqrt{15ab^3c^3} = bc\sqrt{15ac};$$
$$5ab^2\sqrt{7abc^2} = \sqrt{175a^3b^5c^2},$$
$$2a^3b^2c\sqrt{5abc} = \sqrt{20a^7b^5c^3}.$$

On se sert quelquefois de ces transformations.

257. On extrait la racine carrée d'une fraction algébrique, en extrayant la racine de chacun de ses termes :

$$\sqrt{\frac{a}{b}} = \frac{\sqrt{a}}{\sqrt{b}},$$

ces deux racines sont bien égales puisque chacune a pour carré $\frac{a}{b}$.

258. REMARQUE. Une quantité positive ou négative donnant toujours lieu à un carré positif, on ne peut extraire ni même concevoir la racine carrée d'une quantité négative. Aussi appelle-t-on imaginaires les expressions, telles que

$$\sqrt{-9} \sqrt{-a^2b^2}, \sqrt{-abc^3}.$$

Carré des binômes.

259. Nous avons déjà vu que :

$$(a + b)^2 = a^2 + 2ab + b^2,$$
$$(-a - b)^2 = a^2 + 2ab + b^2,$$
$$(a - b)^2 = a^2 - 2ab + b^2;$$

c'est-à-dire que le carré d'un binôme est *un trinôme dont deux termes sont les carrés de deux termes du binôme, et le troisième est le double de leur produit ; ce dernier terme est positif, si les deux termes du binôme sont positifs ou négatifs, et il est négatif si l'un est positif et l'autre négatif.*

Ainsi :

$$(2ab + 6a^2bc)^2 = 4a^2b^2 + 24a^3b^2c + 36a^4b^2c^2,$$
$$(5ax - 3a^2)^2 = 25a^2x^2 - 30a^3x + 9a^4,$$
$$(-2ab^2 + 4cd)^2 = 4a^2b^4 - 16ab^2cd + 16c^2d^2.$$

260. D'après ce que nous venons de voir, un binôme ne saurait être carré parfait et un trinôme l'est, *lorsque deux*

de ses termes sont carrés parfaits et que le troisième est égal au double produit de leurs racines, ce terme pouvant être positif ou négatif.

261. La racine carrée d'un trinôme carré parfait est le binôme formé par les racines de ses deux termes carré parfait; ces deux racines sont séparées par le signe $+$ si le troisième terme du trinôme est positif, elles sont séparées par le signe $-$ s'il est négatif.

Le trinôme

$$4a^2x^2 + 12abx + 9b^2,$$

est un carré parfait: ses deux termes $4a^2x^2$ et $9b^2$ sont en effet des carrés parfaits, et le troisième $12abx$ qui est égal à deux fois $2ax \times 3b$ est le double produit de leurs racines; les racines de ce trinôme sont égales à $\pm 2ax + 3b$ et l'on peut écrire

$$\sqrt{4a^2x^2 + 12abx + 9b^2} = \pm (2ax + 3b).$$

Le trinôme

$$9a^2b^4 - 24ab^3x + 16b^2x^2,$$

est aussi un carré parfait et ses racines sont

$$\pm (3ab^2 - 4bx).$$

262. Un binôme peut être le commencement d'un trinôme carré parfait et il l'est, *quand ses deux termes sont des carrés parfaits, ou quand un de ses termes étant carré parfait, l'autre contient sa racine comme facteur.*

Il est facile alors d'ajouter à ce binôme un terme convenable pour le transformer en carré. Dans le premier cas, en effet, il suffit de lui ajouter le double produit des racines de ses deux termes, et dans le second, de lui ajouter le carré du facteur qui se trouve avec le double de la racine du terme carré parfait.

Des exemples feront mieux comprendre :

Aux binômes

$$a^2 + b^2,$$

il faut ajouter $2ab$, ce qui donne

$$a^2 + 2ab + b^2,$$

dont les racines carrées sont $\pm (a + b)$;

à

$$9a^2x^2 + 16a^4b^2,$$

on ajoutera aussi $2 \times 3ax \times 4a^2b = 24a^3bx$, ce qui donnera

$$9a^2x^2 + 24a^3bx + 16a^4b^2,$$

dont les racines carrées seront

$$\pm (3ax + 4a^2b).$$

Si l'on avait

$$x^2 + 4ax,$$

le carré à ajouter aurait pour racine $2a$, pour que cette racine multipliée par x et par 2 donne $4ax$; le troisième terme à ajouter serait donc $4a^2$ et on aurait

$$x^2 + 4ax + 4a^2,$$

dont les racines sont

$$\pm (x + 2a).$$

Soit encore

$$4a^2x^2 - 12a^2bx,$$

la racine du terme à ajouter multipliée par $2 \times 2ax$ doit reproduire $12a^2bx$, elle est donc égale à $12a^2bx : 4ax = 3ab$; de sorte que le terme à ajouter est $9a^2b^2$ et on a

$$4a^2x^2 - 12a^2bx + 9a^2b^2$$

dont les racines carrées sont

$$\pm (2ax - 3ab).$$

EXERCICES.

263. Elever au carré les expressions suivantes :

$$5ab^2x^3,\ 7a^2b^3cd,\ 25a^4b^3c^2d\ ;$$

$$\frac{ab}{c^2d},\ \frac{x}{abc},\ \frac{4a^2x}{5bcd}.$$

264. Extraire les racines carrées des expressions :

$$9a^2b^4c^2d^6,\ 25a^4b^2c^6d^8,\ 49a^2b^2c^4d^4\ ;$$

$$\frac{4a^2x^2}{25b^2c^2},\ \frac{9a^4b^2}{16c^2x^4}.$$

265. Elever les binômes suivants au carré :

$$2a+2b,\ 3ax^2-2ax,\ 5a^2b-7abc^2,$$
$$-6ab^2-7b^3,\ -8bx^2+7a^2b.$$

266. Extraire les racines carrées de :

$$1° \qquad x^2+px+\frac{p^2}{4},$$

$$2° \qquad \frac{4a^2b^4}{9}-4ab^3x+9b^2x^2,$$

$$3° \qquad 81m^2n^4p^6-126m^2n^2p^3x^3+49m^2x^4.$$

267. Transformer les binômes suivants en trinômes carré parfait, et extraire les racines de ces trinômes

$$1° \qquad \frac{36a^2x^2}{b^2}+\frac{49a^4b^6}{9c^2},$$

$$2° \qquad \frac{m^2p^4}{9a^2}+\frac{36b^4c^2x^2}{4},$$

$$3° \qquad 4x^2+12ax,$$

$$4° \qquad x^2+px,$$

$$5° \qquad \frac{25a^2b^4x^2}{m^2}-\frac{70a^4b^2x}{bm}.$$

RÉSOLUTION DES ÉQUATIONS DU SECOND DEGRÉ
A UNE SEULE INCONNUE.

268. Une équation à une inconnue est du second degré quand le plus fort exposant de l'inconnue est 2,

$$5x^2 = 45,$$
$$ax^2 = b,$$
$$7x^2 - 3x = 22,$$
$$ax^2 + bx = c$$

sont des équations du second degré à une seule inconnue.

269. Comme ces exemples le montrent, une équation du second degré, après évanouissement des dénominateurs et après réduction, peut ne renfermer que deux termes, un en x^2 et l'autre connu, ou peut en renfermer trois, l'un en x^2, l'autre en x et le troisième connu. Dans le premier cas, on dit qu'elle est *incomplète*, et qu'elle est *complète* dans le deuxième.

Résolution des équations incomplètes.

$$x^2 = m.$$

270. Soit à résoudre
$$4x^2 = 36.$$

Si l'on divise les deux termes de cette équation par 4, il vient
$$x^2 = \frac{36}{4} = 9 ;$$

d'où
$$x = \pm \sqrt{9} = \pm 3 ;$$

et, en désignant ces deux racines par x' et x'',

$$\left\{ \begin{aligned} x' &= \sqrt{9} = 3, \\ x'' &= -\sqrt{9} = -3. \end{aligned} \right.$$

Vérification.

$$4 \times 3^2 = 36,$$
$$4 \times -3^2 = 4 \times 9 = 36.$$

271. Soit encore à résoudre

$$\frac{5x}{9} = \frac{10}{2x}.$$

En faisant disparaître les dénominateurs de cette équation, on a

$$10x^2 = 90,$$

ou

$$x^2 = \frac{90}{10} = 9,$$

d'où

$$x = \pm \sqrt{9},$$

ou enfin, en désignant aussi les deux racines par x', x'',

$$\left\{ \begin{aligned} x' &= \sqrt{9} = 3, \\ x'' &= -\sqrt{9} = -3. \end{aligned} \right.$$

Vérification.

$$\frac{5 \times 3}{9} = \frac{10}{6},$$
$$\frac{5}{3} = \frac{5}{3};$$
$$\frac{5 \times -3}{9} = \frac{10}{2 \times -3},$$
$$\frac{-15}{9} = \frac{10}{-6},$$
$$-15 \times -6 = 90 = 9 \times 10.$$

272. Si nous représentons le coefficient de x^2 par a, et le

terme connu par b, nous aurons l'équation générale à *deux termes*

$$ax^2 = b,$$

ou

$$x^2 = \frac{b}{a};$$

et, si $\dfrac{b}{a} = m,$

$$x^2 = m,$$

d'où

$$x = \pm \sqrt{m};$$

enfin en séparant les deux racines

$$\begin{cases} x' = \sqrt{m}, \\ x'' = -\sqrt{m}. \end{cases}$$

Résolution des équations complètes.

$$x^2 + px + q = 0.$$

273. Soit l'équation

$$2x^2 + 6x = 56,$$

qui devient, en divisant ses termes par 2,

$$x^2 + 3x = 28.$$

Pour trouver la valeur de x de cette équation, il faut employer un artifice, car on ne peut réunir les termes x^2 et $3x$ puisqu'ils ne sont pas semblables, et on ne peut d'ailleurs extraire la racine carrée de $28 - 3x$, cette expression renfermant l'inconnue x. Cet artifice consiste à faire disparaître x^2 en rendant l'expression $x^2 + 3x$ carré parfait. On remarque, en effet (262), qu'il suffit de lui ajouter le carré de la moitié du coefficient de x $\dfrac{3}{2}$, qu'on ajoutera également au second membre, pour ne pas troubler l'équation, et on aura

$$x^2 + 3x + \left(\frac{3}{2}\right)^2 = \left(\frac{3}{2}\right)^2 + 28,$$

ou

$$\left(x + \frac{3}{2}\right)^2 = \frac{9}{4} + 28;$$

en extrayant la racine carrée du premier membre, et en indiquant l'extraction pour le second, on obtient

$$x + \frac{3}{2} = \pm \sqrt{\frac{9}{4} + 28},$$

d'où

$$x = -\frac{3}{2} \pm \sqrt{\frac{9}{4} + 28};$$

les deux valeurs x', x'' sont donc

$$\begin{cases} x' = -\dfrac{3}{2} + \sqrt{\dfrac{9}{4} + 28}, \\[2ex] x'' = -\dfrac{3}{2} - \sqrt{\dfrac{9}{4} + 28}. \end{cases}$$

Pour calculer ces deux racines, on calcule d'abord $\sqrt{\dfrac{9}{4} + 28}$ qui est égal à $\sqrt{\dfrac{9}{4} + \dfrac{112}{4}} = \sqrt{\dfrac{121}{4}} = \dfrac{11}{2}$.

Alors

$$\begin{cases} x' = -\dfrac{3}{2} + \dfrac{11}{2} = 4, \\[2ex] x'' = -\dfrac{3}{2} - \dfrac{11}{2} = -7. \end{cases}$$

Vérification.

$$4^2 + 3 \times 4 = 28,$$
$$-7^2 + 3 \times -7 = 49 - 21 = 28.$$

274. Soit encore

$$5x^2 - 14x = 3$$

ou en divisant par 5

$$x^2 - \frac{14}{5}x = \frac{3}{5}.$$

Comme tout à l'heure, on peut compléter le carré du premier membre en lui ajoutant $\left(\frac{7}{5}\right)^2$: car 2 fois $\frac{7}{5} \times x = \frac{14}{5}x$, et on obtient

$$x^2 - \frac{14}{5}x + \left(\frac{7}{5}\right)^2 = \left(\frac{7}{5}\right)^2 + \frac{3}{5},$$

ou

$$\left(x - \frac{7}{5}\right)^2 = \frac{49}{25} + \frac{3}{5};$$

ou, en extrayant les racines des deux membres,

$$x - \frac{7}{5} = \pm \sqrt{\frac{49}{25} + \frac{3}{5}}$$

ou enfin, en faisant passer $-\frac{7}{5}$ dans le deuxième membre

$$x = \frac{7}{5} \pm \sqrt{\frac{49}{25} + \frac{3}{5}};$$

les deux racines de l'équation sont alors

$$\begin{cases} x' = \dfrac{7}{5} + \sqrt{\dfrac{49}{25} + \dfrac{3}{5}}, \\[2ex] x'' = \dfrac{7}{5} - \sqrt{\dfrac{49}{25} + \dfrac{3}{5}}. \end{cases}$$

Le radical devenant successivement

$$\sqrt{\frac{49}{25} + \frac{15}{25}}, \ \sqrt{\frac{64}{25}}, \ \frac{8}{5},$$

on obtient

$$\left\{ \begin{aligned} x' &= \frac{7}{5} + \frac{8}{5} = \frac{15}{5} = 3, \\ x'' &= \frac{7}{5} - \frac{8}{5} = -\frac{1}{5} = -0{,}2. \end{aligned} \right.$$

275. Résolvons encore la troisième équation

$$\frac{(x+4)(x-12)}{-4} = 2.$$

Cette équation devient, en faisant disparaître le dénominateur -4, et en effectuant les calculs indiqués,

$$(x+4)(x-12) = -8,$$
$$x^2 - 8x - 48 = -8,$$
$$x^2 - 8x = 40;$$

en ajoutant 4^2 aux deux termes, il vient successivement :

$$x^2 - 8x + 16 = 16 + 40,$$
$$x - 4 = \pm\sqrt{16 + 40},$$

d'où

$$x = 4 \pm \sqrt{16 + 40};$$

et

$$\left\{ \begin{aligned} x' &= 4 + \sqrt{16 + 40}, \\ x'' &= 4 - \sqrt{16 + 40}. \end{aligned} \right.$$

$\sqrt{16 + 40}$ étant égale à $7.48\ldots$

$$\left\{ \begin{aligned} x' &= 4 + 7{,}48\ldots = 11{,}48\ldots, \\ x'' &= 4 - 7{,}48\ldots = -3{,}48\ldots \end{aligned} \right.$$

276. Ces exemples suffisent pour montrer comment on doit résoudre une équation complète du deuxième degré à une seule inconnue. Arrivons maintenant à la formule générale de ces équations, formule qui permettra de calculer

les deux racines x' x'' sans passer par la série des transformations précédentes.

277. Nous savons déjà qu'une équation complète du second degré à une seule inconnue peut toujours être ramenée à ne contenir que 3 termes, l'un en x^2, un autre en x et le troisième connu; par conséquent, si on représente le coefficient de x^2 par a, celui de x par b et le terme connu par c, nous aurons l'équation générale

$$ax^2 + bx = c,$$

ou
$$ax^2 + bx + c = 0.$$

a, b, c, pouvant être quelconques,
ou encore en divisant tous les termes par a

$$x^2 + \frac{b}{a}x + \frac{c}{a} = 0;$$

et pour plus de simplicité, remplaçant $\frac{b}{a}$ par p et $\frac{c}{a}$ par q, nous aurons enfin

$$x^2 + px + q = 0.$$

278. Résolvons cette équation générale et nous aurons successivement, en suivant la marche indiquée précédemment :

$$x^2 + px = -q,$$

$$x^2 + px + \frac{p^2}{4} = \frac{p^2}{4} - q,$$

$$\left(x + \frac{p}{2}\right)^2 = \frac{p^2}{4} - q,$$

$$x + \frac{p}{2} = \pm\sqrt{\frac{p^2}{4} - q},$$

$$= -\frac{p}{2} \pm\sqrt{\frac{p^2}{4} - q};$$

114

et en séparant les deux racines

$$\left\{ \begin{aligned} x' &= -\frac{p}{2} + \sqrt{\frac{p^2}{4} - q} \\[2ex] x'' &= -\frac{p}{2} - \sqrt{\frac{p^2}{4} - q} \end{aligned} \right.$$

279. RÈGLE. Après avoir fait évanouir les dénominateurs, opéré les réductions et divisé tous les termes par le coefficient de x^2, l'équation prend la forme

$$x^2 + px + q = 0,$$

et on obtient la première racine x' en prenant la moitié du coefficient de x avec un signe contraire et en l'ajoutant à la racine carrée de la somme formée par le carré de la moitié de ce coefficient de x et du terme connu avec un signe contraire; on obtient la seconde racine x'' en retranchant de la moitié du coefficient de x avec un signe contraire, la racine carrée de cette somme.

Appliquons cette règle aux exemples suivants :

280. 1° $$\frac{(2x - 10)\,2x}{6} = -4,$$

En chassant le dénominateur 6 et en réduisant, cette équation devient

$$(2x - 10)\,2x = -24$$
$$4x^2 - 20x = -24;$$

et en divisant tous les termes par 4

$$x^2 - 5x = -6$$

ou $$x^2 - 5x + 6 = 0;$$

si maintenant nous appliquons la règle, nous aurons

$$x' = \frac{5}{2} + \sqrt{\frac{25}{4} - 6},$$

$$x'' = \frac{5}{2} - \sqrt{\frac{25}{4} - 6};$$

$\sqrt{\frac{25}{4} - 6}$ étant égal à $\sqrt{\frac{25 - 24}{4}} =$ à $\frac{1}{2}$, les deux racines sont alors

$$x' = \frac{5}{2} + \frac{1}{2} = 3,$$

$$x'' = \frac{5}{2} - \frac{1}{2} = 2.$$

$2°$
$$\frac{7 - x}{3x} = \frac{4}{4x + 10}.$$

De cette équation on tire successivement :

$$28x - 4x^2 + 70 - 10x = 12x,$$
$$-4x^2 + 6x + 70 = 0,$$
$$4x^2 - 6x - 70 = 0,$$
$$x^2 - \frac{3}{2}x - \frac{35}{2} = 0,$$

et en appliquant la règle

$$x = \frac{3}{4} \pm \sqrt{\frac{9}{16} + \frac{35}{2}};$$

ou
$$x = \frac{3}{4} \pm \sqrt{\frac{9}{16} + \frac{280}{16}},$$

$$x = \frac{3}{4} \pm \frac{17}{4};$$

d'où
$$x' = \frac{3}{4} + \frac{17}{4} = 5,$$
$$x'' = \frac{3}{4} - \frac{17}{4} = -\frac{7}{2}.$$

RÉSOLUTION DES PROBLÈMES DONNANT LIEU A UNE ÉQUATION DU DEUXIÈME DEGRÉ.

281. Problème I. *Partager 45 en deux parties telles que leur produit soit 396.*

Soit x l'une de ces parties, l'autre sera $45 - x$ et l'on aura

$$x(45 - x) = 396,$$
ou
$$-x^2 + 45x = 396;$$

ou en changeant les signes et en faisant passer 396 dans le premier membre

$$x^2 - 45x + 396 = 0.$$

En appliquant la formule (278), on obtient

$$x = \frac{45}{2} \pm \sqrt{\left(\frac{45}{2}\right)^2 - 396},$$

d'où l'on tire

$$x' = 33,$$
$$x'' = 12,$$

qui sont les deux nombres demandés.

282. Problème II. *Le produit d'un nombre par 9 dépasse son carré de 14. Quel est ce nombre?*

En représentant ce nombre par x, on a

$$9x - x^2 = 14,$$
ou
$$x^2 - 9x + 14 = 0,$$

d'où l'on tire

$$x' = \frac{9}{2} + \sqrt{\frac{81}{4} - 14} = 7,$$

$$x'' = \frac{9}{2} - \sqrt{\frac{81}{4} - 14} = 2.$$

283. PROBLÈME III. *On a acheté 72 francs un certain nombre de mètres d'étoffe. Si l'on avait payé le mètre 3 francs de moins, pour le même prix on en aurait eu 4 de plus. Combien a-t-on eu de mètres?*

Soit x ce nombre de mètres, le prix d'un de ces mètres est $\frac{72}{x}$; si le mètre avait coûté 3 francs de moins, le prix en aurait été $\frac{72}{x} - 3$ et on aurait, d'après l'énoncé

$$\left(\frac{72}{x} - 3\right)\left(x + 4\right) = 72.$$

En résolvant cette équation, on obtient :

$$\frac{72x}{x} - 3x + \frac{288}{x} - 12 = 72,$$
$$72x - 3x^2 + 288 - 12x = 72x,$$
$$288 - 3x^2 - 12x = 0,$$
$$x^2 + 4x - 96 = 0;$$

d'où
$$x' = -2 + \sqrt{4 + 96} = -2 + 10 = 8,$$
$$x' = -2 - \sqrt{4 + 96} = -2 - 10 = -12.$$

La solution positive 8 convient seule au problème *tel qu'il est énoncé.*

EXERCICES ET PROBLÈMES SUR LES ÉQUATIONS DU SECOND DEGRÉ.

Résoudre les équations suivantes :

284. $\qquad 4x^2 = 9x^2 - 125.$

285. $\qquad 4x^2 - 7x = 36 - 7x.$

286. $$\frac{a}{x} = \frac{x}{b-c}.$$

287. $$x^2 + 5x + \frac{26}{9} = 0.$$

288. $$\frac{5x^2 - 275}{6} = \frac{15x}{3}.$$

289. $\qquad -x(x-7) = 12.$

290. $\qquad 5x^2 + 405 = 90x.$

291. $$\frac{14x\left(1 + \dfrac{x}{14}\right)}{-7} = 7.$$

292. $$\frac{x}{2} + \frac{3}{x} = \frac{x+13}{3x}.$$

293. $$\frac{31}{6x} - \frac{16}{117 - 2x} = 1.$$

294. $$\frac{2x+3}{10-x} = \frac{2x}{25 - 3x} - 6\frac{1}{2}.$$

295. $\qquad x^2 - x(a+b) + ab = 0.$

296. $\qquad x^2 = (ab - b)x + ab^2.$

297. La somme de deux nombres est 430, leur produit 35 200. Quels sont ces nombres?

298. Quel est le nombre dont le quart multiplié par le tiers, donne 48?

299. Une personne achète un objet qu'elle revend 119 francs. A ce marché elle gagne autant pour 100 que cet objet lui a coûté. Combien l'a-t-elle payé?

300. Quelle serait la base du système de numération dans lequel 602 serait représenté par 738?

301. Trouver un triangle rectangle, dont les trois côtés soient 3 nombres entiers consécutifs.

302. Un tonnelier veut construire une cuve qui contienne 9148 litres; sa hauteur doit avoir 2 mètres 40, et le diamètre de sa base 1 mètre 40. Quel doit être le diamètre de son ouverture?

303. Le produit de deux nombres est 288, le plus grand surpasse le plus petit de 12. Quels sont ces deux nombres?

304. Soit a le produit de 2 nombres, et soit b leur différence. Chercher les formules de ces nombres?

305. Un homme avait destiné une somme de 864 francs pour les pauvres de son quartier, 6 d'entre eux n'ayant plus besoin de secours, chacun des pauvres qui restent reçoit 2 francs de plus. Combien y avait-il de pauvres auparavant?

306. La différence entre le diagonale d'un carré et son côté est 5. Quelle est la longueur de ce côté?

307. Si l'on représente cette différence par a, quelle sera l'expression du côté?

DISCUSSION DE L'ÉQUATION GÉNÉRALE DU 2ᵐᵉ DEGRÉ
A UNE SEULE INCONNUE.

308. Pour l'équation générale $x^2 + px + q = 0$, nous avons trouvé la formule

$$x = -\frac{p}{2} \pm \sqrt{\frac{p^2}{4} - q},$$

qui montre que les valeurs de x', de x'' dépendent des quantités connues p et q; ces valeurs peuvent être positives ou négatives, égales ou inégales et imaginaires, selon les signes et les valeurs numériques de p et de q.

Discutons alors cette formule.

309. 1° Supposons que q soit négatif dans l'équation, sous le radical il devient positif, et comme l'autre terme est toujours positif puisque c'est un carré, il s'ensuit que la quantité sous le radical est toujours positive; partant sa racine est réelle et les valeurs de x' et de x'' sont aussi réelles. De plus, ces racines sont toujours inégales et de signes contraires; elles sont inégales, puisque pour obtenir la première, on ajoute à $-\frac{p}{2}$ la racine de la quantité placée sous le radical et que pour obtenir la deuxième on retranche cette racine de la même quantité $-\frac{p}{2}$; elles sont de signes contraires, puisque la quantité sous le radical étant plus grande que $\frac{p^2}{4}$, sa racine est plus grande que $\frac{p}{2}$, et que pour obtenir x' on ajoute cette racine à $-\frac{p}{2}$, et que pour obtenir x'' on la retranche de cette même quantité.

310. 2° Supposons que q soit positif dans l'équation, il prend une valeur négative sous le radical et l'on doit considérer trois cas :

311. 1er CAS. Soit $\dfrac{p^2}{4} > q$.

La quantité sous le radical $\dfrac{p^2}{4} - q$ est alors positive, et les deux valeurs de x' et de x'' sont réelles comme précédemment. Elles sont de plus inégales et de mêmes signes, ce qu'on conçoit facilement si l'on observe que $\dfrac{p^2}{4} - q$ étant plus petit que $\dfrac{p^2}{4}$, la racine de cette quantité est plus petite que $\dfrac{p}{2}$.

312. 2° CAS. Soit $\dfrac{p^2}{4} = q$.

La différence $\dfrac{p^2}{4} - q$ est alors nulle, et les deux racines sont égales et égales chacune à la moitié du coefficient de x, avec un signe contraire.

Exemple :
$$x^2 + 6x + 9 = 0.$$

En appliquant la formule, on a
$$x = -3 \pm \sqrt{9 - 9}$$

d'où
$$x' = -3$$
$$x'' = -3$$

313. 3° CAS. Soit $\dfrac{p^2}{4} < q$.

Dans ce cas, la différence $\dfrac{p^2}{4} - q$ est négative et l'expression $\sqrt{\dfrac{p^2}{4} - q}$ est imaginaire, les deux racines de l'équation

ne sont donc pas calculables; ce qui signifie qu'aucune valeur attribuée à x, ne saurait satisfaire une équation ou le terme connu étant positif est en même temps plus grand que le carré de la moitié du coefficient de x.

Exemple :
$$x^2 + 4x + 12 = 0.$$

De cette équation, on tire
$$x = -2 \pm \sqrt{4 - 12},$$

ou
$$x = -2 \pm \sqrt{-8}.$$

314. Ces trois hypothèses montrent que lorsque le terme connu d'une équation est positif, on peut lui donner toutes les valeurs depuis 0 jusqu'à $\dfrac{p^2}{4}$, mais aucune valeur supérieure.

Cette considération permet de résoudre un nouvel ordre de questions, les questions de *maximum* et de *minimum*, que je ne traiterai pas, mais dont je donnerai l'exemple suivant pour un aperçu.

315. *Décomposer 24 en deux parties telles que leur produit soit le plus grand possible.*

Si nous représentons ce produit par m, nous aurons l'équation
$$x(24 - x) = m,$$

ou
$$24x - x^2 - m = 0,$$

ou enfin
$$x^2 - 24x + m = 0,$$

d'où l'on tire
$$x = 12 \pm \sqrt{144 - m}.$$

Pour que cette solution soit possible, il faut que m soit au plus égal à 144, donc le produit maximum est 144 et alors les deux racines sont

$$x' = 12,$$
$$x'' = 12;$$

c'est-à-dire qu'il faut que les parties de 24 soient égales pour que leur produit soit maximum.

RELATIONS ENTRE LE COEFFICIENT DE x, LE TERME CONNU DE L'ÉQUATION $x^2 + px + q = 0$ ET SES DEUX RACINES x', x''.

316. Les valeurs de x' et de x'' étant

[1]
$$x' = -\frac{p}{2} + \sqrt{\frac{p^2}{4} - q},$$

[2]
$$x'' = -\frac{p}{2} - \sqrt{\frac{p^2}{4} - q};$$

on a, en additionnant membre à membre [1] et [2],

$$x' + x'' = -\frac{p}{2} + \left(-\frac{p}{2}\right) = -p.$$

La somme des deux racines est donc égale au coefficient de x pris avec un signe contraire.

317. Si maintenant nous multiplions [1] et [2] membre à membre, il vient

$$x'\,x'' = \left\{-\frac{p}{2} + \sqrt{\frac{p^2}{4} - q}\right\}\left\{-\frac{p}{2} - \sqrt{\frac{p^2}{4} - q}\right\};$$

et, si l'on remarque que le second membre est formé du produit de la somme des deux quantités $-\frac{p}{2}$ et $\sqrt{\frac{p^2}{4} - q}$ par leur différence, on pourra le simplifier en le remplaçant par la différence des carrés de ces deux quantités, et on aura

$$x' \, x'' = \left(-\frac{p}{2}\right)^2 - \left\{ \sqrt{\frac{p^2}{4} - q} \right\}^2,$$

$$x' \, x'' = \frac{p^2}{4} - \frac{p^2}{4} + q,$$

$$x' \, x'' = q.$$

Ce résultat *montre que le produit des deux racines x' x'' est égal au terme connu.*

318. Connaissant ces relations, on peut former une équation dont les racines sont données.

Supposons, par exemple, qu'on demande une équation dont les racines soient 11 et — 5.

D'après (316) la somme des racines étant 6, le coefficient de x de l'équation du deuxième degré à trouver est — 6, et d'après (317) le terme connu est $11 \times -5 = -55$.

Donc cette équation est

$$x^2 - 6x - 55 = 0.$$

CHAPITRE V.

PROGRESSIONS ET LOGARITHMES.

DES PROGRESSIONS.

319. On appelle progression une suite de termes tels que le rapport entre deux termes consécutifs est toujours le même.

320. Comme il y a deux espèces de rapports : le rapport arithmétique ou par différence et le rapport géométrique ou par quotient, il y a aussi deux espèces de progressions, les *progressions arithmétiques* et les *progressions géométriques*.

PROGRESSIONS ARITHMÉTIQUES.

321. *Une progression arithmétique ou par différence, est une suite de termes tels que chacun est égal au précédent plus une quantité constante appelée* RAISON.

322. Cette raison pouvant être positive ou négative, la progression est croissante dans le premier cas, et elle est décroissante dans le second.

323. On écrit une progression par différence en la faisant précéder du signe ÷, et en séparant tous ses termes par un point.

$$\div 2 . 4 . 6 . 8 . 10 . 12 . 14 . 16 \ldots\ldots$$

est une progression arithmétique croissante qui a pour raison 2;

$$\div 36 . 33 . 30 . 27 . 24 . 21 . 18 \ldots\ldots$$

est une progression décroissante dont la raison est — 3.

324. VALEUR D'UN TERME DE RANG QUELCONQUE. Soit une progression commençant par a et ayant pour raison r.

Le premier terme de cette progression étant a,

le 2e est	$a + r$,
le 3e est	$a + r + r = a + 2r$,
le 4e est	$a + 2r + r = a + 3r$,

. . . .

. . . .

et l'on a

$$\div a . a + r . a + 2r . a + 3r . a + 4r \ldots\ldots a + (n - 1) r.$$

Cette progression littérale montre *qu'un terme de rang quelconque est égal au premier plus autant de fois la raison qu'il y a de termes avant lui.*

Si l'on représente par l le dernier terme d'une progression arithmétique on pourra alors écrire la formule

[1] $$l = a + r (n - 1)$$

n représentant le nombre des termes de cette progression.

325. J'ai considéré une progression croissante, mais si nous prenions pour raison — r, nous aurions la progression décroissante

$$\div a \cdot a - r \cdot a - 2r \cdot a - 3r \cdot a - 4r \ldots\ldots a - r (n - 1),$$
et
$$l = a - r (n - 1).$$

Cette formule n'est autre que la précédente dans laquelle r est remplacée par $-r$.

Donc *le dernier terme d'une progression croissante ou décroissante est égale au premier plus autant de fois la raison qu'il y a de termes dans la progression moins* 1, la raison étant prise avec son signe négatif dans la progression décroissante.

326. APPLICATIONS :

1° Chercher le 22ᵉ terme de la progression

$$\div 7 \cdot 13 \cdot 19 \cdot 25 \ldots\ldots$$

En appliquant la formule, on a

$$l = 7 + 6 (22 - 1) = 7 + 6 \times 21 = 133.$$

2° Quel est le 15ᵉ terme de la progression décroissante commençant par 128, et ayant pour raison -3.

En appliquant la même formule, on obtient

$$l = 128 + (-3) \times 14 = 128 - 42 = 86.$$

327. Dans une progression par différence, on peut encore avoir à calculer :

1° Le premier terme a, connaissant le dernier, la raison et le nombre des termes ;

2° La raison connaissant a, l, et le nombre des termes ;

3° Le nombre des termes n connaissant les autres quantités.

328. Pour résoudre ces trois questions, on se sert de la formule

$$l = a + r (n - 1),$$

de laquelle on tire :

$$[2] \quad 1° \qquad a = l - r\,(n-1),$$

en faisant passer $r\,(n-1)$ dans le premier membre ;

$$[3] \quad 2° \qquad r = \frac{l-a}{n-1},$$

en faisant passer a dans le premier membre et en divisant le tout par $n-1$;

$$[4] \quad 3° \qquad n = \frac{l-a+r}{r},$$

en effectuant la multiplication $r\,(n-1)$, en faisant passer a et r dans le premier membre, et en divisant les deux par r.

329. Applications :

1° *Trouver le premier terme de la progression dont la raison est 2, le dernier terme 36 et le nombre des termes 8.*

En remplaçant l, r et n dans [2] par 36, 2 et 8, on a

$$a = 36 - 2\,(8-1) = 36 - 14 = 22.$$

2° *Le nombre des termes d'une progression décroissante est 20, les 4 derniers sont ...... 12 . 9 . 6 . 3. Quel est le premier ?*

Dans cette progression $r = -3$, si nous appliquons la même formule, nous obtiendrons

$$a = 3 - (-3) \times 19 = 3 - (-57) = 60.$$

3° *Trouver la raison de la progression commençant par 6, finissant par 50 et ayant 12 termes.*

La formule [3] donne

$$r = \frac{50-6}{11} = 4.$$

4° *Insérer 8 moyens entre 6 et 15, de telle sorte que ces moyens forment une progression arithmétique avec ces deux nombres.*

Cette progression aura alors 10 termes. Pour résoudre ce problème il suffit de déterminer la raison.

En appliquant la formule [3], on a

$$r = \frac{15 - 6}{9} = \frac{9}{9} = 1 \,;$$

les termes à insérer seront alors :

$$7, 8, 9, 10, 11, 12, 13, 14.$$

REMARQUE. Si l'on insérait le même nombre de moyens différentiels entre tous les termes consécutifs d'une progression arithmétique, on formerait une seule et même progression ; car pour trouver la raison on diviserait toujours la différence de deux termes consécutifs de la progression donnée par le même nombre, on obtiendrait donc toujours la même raison pour toutes les insertions.

5° *Quel est le nombre des termes de la progression*

$$\div 2 \cdot 5 \cdot 8 \cdot 11 \ldots \ldots 122 \,?$$

La formule [4] donne

$$n = \frac{122 - 2 + 3}{3} = \frac{123}{3} = 41.$$

330. SOMMATION DES TERMES. Pour trouver la somme des termes d'une progression arithmétique, on se base sur le théorème suivant :

THÉORÈME. *Dans toute progression, la somme de deux termes également éloignés des extrêmes, est égale à la somme de ces extrêmes.*

9

Soit pour cela la progression littérale

$$\div a \;.\; b \;.\; c \;.\; d \;.\; e \;.\; f \;.\; g \;.\; h \;.\; l \;.$$

on a
$$b = a + r$$
$$h = l - r$$

d'où
$$b + h = a + l,$$
$$c = a + 2r$$
$$g = l - 2r$$

d'où
$$c + g = a + l,$$

$$\cdots \cdots \cdots \cdots \cdots$$
$$\cdots \cdots \cdots \cdots \cdots$$
$$\cdots \cdots \cdots \cdots \cdots$$

De plus, lorsque les termes d'une progression sont en nombre impair, celui du milieu est égal à la moitié de la somme des extrêmes.

Dans l'exemple précédent, le terme e est en effet égal à $a + 4r$, mais il est aussi égal à $l - 4r$, de sorte que :

$$e = a + 4r,$$
$$e = l - 4r,$$

$$2e = a + l ;$$

d'où
$$e = \frac{a + l}{2}.$$

331. Nous pouvons maintenant trouver une formule simple pour la sommation des termes.

Si nous considérons la même progression littérale

$$\div a \;.\; b \;.\; c \;.\; d \;.\; e \;.\; f \;.\; g \;.\; h \;.\; l$$

nous aurons, en appliquant le théorème précédent,

$$a + l = a + l,$$
$$b + h = a + l,$$
$$c + g = a + l,$$
$$d + f = a + l,$$
$$e = \frac{a + l}{2};$$

d'où, en représentant par S la somme $a + b + c \ldots + l$,

$$S = (a + l)\,4 + \frac{a + l}{2},$$

ou
$$S = \frac{(a + l)\,8 + a + l}{2} = \frac{(a + l)\,9}{2}.$$

[5]
$$S = \frac{(a + l)\,n}{2}.$$

Donc la somme des termes d'une progression par différence est égale à la somme des deux termes extrêmes multipliée par le nombre des termes, le tout divisé par 2.

Applications :

332. 1° *Quelle est la somme des 15 termes d'une progression dont le premier est 7 et le dernier 77 ?*

En appliquant la formule [5], on obtient

$$S = \frac{(7 + 77)\,15}{2} = 630.$$

2° *Quelle est la somme des 100 premiers nombres entiers ?*

La suite des nombres entiers forme une progression par différence dont la raison est 1, on aura donc

$$S = \frac{(100 + 1)\,100}{2} = 5050.$$

La suite naturelle des nombres impairs forme également une progression arithmétique dont la raison est 2 ; la formule [5] appliquée à la somme des termes de cette progression peut être simplifiée. En effet, si nous l'appliquons, nous aurons

$$S = \frac{(l+1)n}{2},$$

et comme $l = 1 + 2\,(n-1)$, on obtient par substitution

$$S = \frac{(1 + 1 + 2\,(n-1))\,n}{2},$$

$$S = \frac{(2 + 2n - 2)n}{2} = \frac{2n^2}{2} = n^2.$$

C'est-à-dire que la somme des 15 premiers nombres impairs par exemple, est égale à

$$15 \times 15 = 225.$$

PROGRESSIONS PAR QUOTIENT.

333. *Une progression géométrique ou par quotient est une suite de termes dont chacun est égal au précédent multiplié par une quantité constante appelée* RAISON.

On écrit une progression par quotient, en séparant tous les termes par : et en plaçant devant le premier le signe ÷.

334. Lorsque la raison d'une progression géométrique est plus grande que l'unité, ses termes vont en augmentant et la progression est croissante ; lorsque au contraire la raison est plus petite que l'unité, les termes vont nécessairement en diminuant, et la progression est décroissante.

$$\div\ 2 : 6 : 18 : 54 : 162 : 486 : 1498 : \ldots\ldots$$

est une progression croissante dont la raison est 3 ;

$$\div 32 : 16 : 8 : 4 : 2 : \frac{1}{2} : \frac{1}{4} : \ldots\ldots$$

est une progression décroissante ayant pour raison $\frac{1}{2}$.

335. **Valeur d'un terme de rang quelconque.** Soit une progression par quotient commençant par a et ayant pour raison q.

Le premier terme étant a,

le 2ᵉ est $\qquad aq$,

le 3ᵉ $\qquad aqq = aq^2$,

le 4ᵉ $\qquad aq^2q = aq^3$,

$$\cdot \cdot \cdot \cdot \cdot \cdot \cdot \cdot \cdot \cdot \cdot$$

et l'on a

$$\div a : aq : aq^2 : aq^3 : aq^4 : aq^5 \ldots\ldots aq^{(n-1)}.$$

Cette progression littérale montre *qu'un terme de rang quelconque est égal au premier multiplié par la raison élevée à une puissance dont l'exposant est égal au nombre des termes qui le précèdent.*

Si l'on représente le dernier terme d'une progression géométrique par l, on aura la formule

$$[1] \qquad\qquad l = aq^{(n-1)}.$$

336. **Applications :** 1° *Chercher le* 9ᵉ *terme de la progression*

$$\div 2 : 6 : 18 \ldots\ldots\ldots$$

Dans cette progression on voit facilement que la raison est 3, on aura donc

$$l = 2 \times 3^{(9-1)} = 2 \times 3^8 = 13122.$$

2° *Une progression par quotient dont le premier terme est* 128 *et la raison* $\frac{1}{2}$, *est composée de* 12 *termes. Quel est le dernier?*

Si dans la formule [1] nous remplaçons a, q, n par 128, $\frac{1}{2}$, 24 il viendra

$$l = 128 \times \left(\frac{1}{2}\right)^{11} = 128 \times \frac{1}{2048} = \frac{1}{16}.$$

337. De même que pour les progressions arithmétiques, on peut encore avoir à calculer :

Le premier terme a, la raison q et le nombre des termes n.

338. Pour trouver la formule qui permet de calculer a, il suffit de diviser les deux membres de [1] par $q^{(n-1)}$ et on a

$$[2] \qquad a = \frac{l}{q^{(n-1)}}.$$

339. Pour q, il faut diviser les deux membres de [1] par a, ce qui donne $\frac{l}{a} = q^{(n-1)}$ et d'extraire ensuite la racine $(n-1)$ de chacun des membres; on obtient

$$[3] \qquad q = \sqrt[n-1]{\frac{l}{a}}.$$

340. REMARQUE. n étant en exposant, ou comme on dit étant *exponentielle*, on ne peut quant à présent trouver sa valeur en fonction des autres quantités; mais quand nous aurons étudié les logarithmes, nous pourrons facilement la calculer.

341. APPLICATIONS :

1° *Trouver la raison d'une progression par quotient dans laquelle* $a = 5$, $l = 1280$ *et* $n = 9$.

Substituons ces quantités numériques dans la formule de q, nous aurons

$$q = \sqrt[8]{\frac{1280}{5}} = \sqrt[8]{256} = \sqrt{\sqrt{\sqrt{256}}} = 2.$$

2° *Trouver la raison de la progression composée de* 10 *termes, dont le premier est* 729 *et dont le dernier est* $\frac{1}{27}$.

En appliquant la formule [3], on a

$$q = \sqrt[9]{\frac{\frac{1}{27}}{\frac{729}{}}} = \sqrt[9]{\frac{1}{19683}} = \sqrt[3]{\sqrt[3]{\frac{1}{19683}}} = \frac{1}{3}$$

3° *Insérer cinq moyens géométriques entre* 5 *et* 20480.

Ces cinq moyens devant former avec 5 et 20480 une progression géométrique, cette progression comprendra 7 termes, pour la former nous trouverons la raison comme précédemment et nous aurons

$$q = \sqrt[6]{\frac{20480}{5}} = \sqrt[3]{\sqrt{\frac{20480}{5}}} = 4\;;$$

les moyens à insérer sont alors

$$20, 80, 320, 1280 \text{ et } 5120.$$

Si l'on insérait le même nombre de moyens entre tous les termes d'une même progression, on formerait, comme pour les progressions arithmétiques, une seule et même progression.

342. SOMMATION DES TERMES D'UNE PROGRESSION PAR QUOTIENT. Considérons la progression littérale

$$\div a : aq : aq^2 : aq^3 : aq^4 : aq^5 \ldots\ldots aq^{(n-1)}.$$

la somme de ses termes est

$$S = a + aq + aq^2 + aq^3 + aq^4 + aq^5 + \ldots \ldots aq^{(n-1)},$$

multiplions les deux membres de cette égalité par q, nous aurons

$$S q = aq + aq^2 + aq^3 + aq^4 + aq^5 + aq^6 + \ldots \ldots aq^n,$$

et, si maintenant nous retranchons la première de la seconde membre à membre, nous aurons, après réduction des termes semblables,

$$S q - S = aq^n - a,$$

ou, en mettant dans le premier membre S en facteur commun,

$$S (q - 1) = aq^n - a,$$

d'où en divisant les deux membres par $q - 1$

[4] $$S = \frac{aq^n - a}{q - 1}.$$

Telle est la formule de la somme des termes d'une progression géométrique.

Si nous remarquons que $aq^n = aq^{(n-1)} \times q$ et que [1] $aq^{(n-1)} = l$, nous pourrons substituer lq à aq^n et cette formule prendra la forme

$$S = \frac{lq - a}{q - 1}.$$

343. APPLICATIONS :

1° *Calculer la somme des 8 premiers termes de la progression géométrique*

$$\div 7 : 14 : 28 : \ldots \ldots$$

Dans cette progression $a = 7$, $q = 2$ et $n = 8$, en substituant ces données dans [4], il vient

$$S = \frac{7 \times 2^8 - 7}{2 - 1} = \frac{7 \times 256 - 7}{1} = 1785.$$

2° *Le premier terme d'une progression décroissante est* 1, *sa raison est* $\frac{1}{2}$ *et le nombre de ses termes est* 12. *Calculer la somme de ces termes.*

En mettant ces valeurs dans la formule [4], elle devient

$$S = \frac{1 \times \left(\frac{1}{2}\right)^{12} - 1}{\frac{1}{2} - 1} = \frac{\dfrac{1}{4096} - \dfrac{4096}{4096}}{-\dfrac{2048}{4096}} = \frac{4095}{2048}.$$

Limite de la somme des termes d'une progression géométrique décroissante à l'infini.

344. Quand on a une progression décroissante, les termes à partir du premier deviennent de plus en plus petits, et si le nombre de ses termes devient infiniment grand, le dernier sera infiniment petit et tendra vers la limite 0; la somme des termes d'une pareille progression tend donc vers une limite.

Pour calculer cette somme limite, changeons les signes de la formule $S = \frac{aq^n - a}{q - 1}$, nous aurons

$$S = \frac{a - aq^n}{1 - q},$$

ou

$$S = \frac{a}{1 - q} - \frac{aq^n}{1 - q}.$$

Si dans cette formule nous faisons n infiniment grand, la fraction q devient infiniment petite et aq^n devient nul, le terme $-\frac{aq^n}{1 - q}$ devient donc négligeable et il reste $\frac{a}{1 - q}$

qui représente la somme limite.

$$[5] \qquad \lim. \, S = \frac{a}{1-q}.$$

345 APPLICATIONS :

1° *Trouver la somme limite des termes de la progression décroissante*

$$\div 1 : \frac{1}{2} : \frac{1}{4} : \frac{1}{8} \ldots \ldots$$

La formule [5] devient

$$\lim. \, S = \frac{1}{1-\dfrac{1}{2}} = 2.$$

2° *Même question pour*

$$\div 15 : 5 : \frac{5}{3} : \frac{5}{9} \ldots \ldots$$

on obtient

$$\lim. \, S = \frac{15}{1-\dfrac{1}{3}} = \frac{15}{\dfrac{2}{3}} = \frac{45}{2}.$$

3° *Trouver la limite de la fraction décimale périodique* 0,9999......

Cette expression peut être considérée comme la somme des termes de la progression

$$\div \frac{9}{10} : \frac{9}{100} : \frac{9}{1000} : \frac{9}{10000} \ldots \ldots$$

dont la limite est

$$\lim. \, S = \frac{\dfrac{9}{10}}{1-\dfrac{1}{10}} = 1.$$

EXERCICES ET PROBLÈMES.

346. Quel est le 17e terme de la progression

$$\div 9.14.19.24\ldots\ldots$$

347. Trouver le 22e nombre pair.

348. Trouver le 15e nombre impair.

349. Insérer 4 moyens différentiels entre les termes de la progression

$$\div 5.15.20.25.30.$$

350. Insérer également le même nombre de moyens entre les termes de

$$\div 8.6.4.2.0.-2.-4.$$

351. Calculer la somme des termes de chacune des deux progressions précédentes.

352. Quelle est la somme des 15 premiers nombres entiers ?

353. Déterminer aussi la somme des 15 premiers termes de la progression

$$\div 7.10.13\ldots\ldots$$

354. Trouver la somme des 12 premiers nombres impairs.

355. Quel est le 10e terme de la progression géométrique

$$\div 4:8:16:\ldots\ldots?$$

256. Si la raison de cette progression était un tiers au lieu d'être 2, quel serait son 10e terme?

357. Insérer 5 moyens géométriques entre 4 et 256.

358. Insérer 2 moyens géométriques entre les termes de

$$\div 729 : 27 : 1 : \frac{1}{27}.$$

359. Quelle est la somme des 9 premiers termes de la progression

$$\div 2 : 10 : 50 : \ldots\ldots?$$

360. Quelle est la somme des termes de la progression par quotient formée par l'insertion des deux moyens dans (358)?

361. Trouver la somme limite de

$$\div 1 : \frac{1}{3} : \frac{1}{9} : \frac{1}{27} : \ldots\ldots$$

362. Déterminer aussi la somme limite d'une progression décroissante commençant par 16 et ayant pour raison $\frac{1}{4}$.

363. Former la progression géométrique commençant par 7 et ayant pour raison — 2; et trouver la somme de ses 7 premiers termes?

364. Un joueur gagne un première fois 6 fr. 50, une deuxième fois 7 fr. 80, une troisième fois 9 fr. 10 et ainsi de suite en augmentant chaque fois son gain de la même quantité. Qu'aura-t-il gagné au bout de 15 parties?

365. Un voiturier doit conduire 45 mètres cubes de pierre le long d'une route et en faisant 45 tas éloignés l'un de l'autre de 15 mètres. Si la carrière est à 3 kilom. 500 du point où le premier mètre cube doit être déposé, quel sera le chemin parcouru par ce voiturier? On suppose d'ailleurs qu'il ne peut conduire qu'un seul mètre cube à la fois.

366. On demandait à un domestique depuis combien de temps il était chez son maître. Il répondit : je reçois maintenant 400 francs, je gagnais 70 francs la première année et on a toujours augmenté chaque année mes gages de 30 francs ; déterminez ce nombre d'années ?

367. Dans un établissement d'instruction, on compte 856 élèves répartis en 16 classes ; le nombre d'élèves d'une classe dépasse celui de la classe immédiatement supérieure de 5 : c'est-à-dire que la seconde classe comprend 5 élèves de plus que la 1re, la 3e, 5 de plus que la 2e, etc. On demande le nombre d'élèves qu'il y a dans chaque classe.

368. (1) Quelqu'un offrait de vendre son cheval aux conditions suivantes : il demandait 1 centime pour le premier clou, 2 centimes pour le deuxième, 4 pour le quatrième et ainsi de suite en doublant toujours jusqu'au trente-deuxième et dernier clou. Quel serait à ce compte le prix du cheval ?

369. Un dentiste propose a un avare de lui acheter ses dents. Cette proposition paraît doublement avantageuse à l'avare qui l'accepte à la condition que le dentiste lui payera 10 000 louis la première, 20 000 la seconde, 30 000 la troisième, ainsi de suite jusqu'à la dernière. Le dentiste y consent mais à la condition aussi que si l'avare capitule pendant l'opération, il rendra au dentiste 1 000 louis pour la première, 4 000 pour la seconde, 16 000 pour la troisième et ainsi de suite jusqu'à la dernière qui restera. Le marché fut conclu ; mais à la vingtième dent l'avare ne peut supporter plus longtemps cette cruelle opération, il crie merci et le dentiste s'arrête. Or il restait 7 dents. On propose de régler les comptes de l'avare et du dentiste.

---

(1) Les élèves résoudront ce problème et les suivants après l'étude des logarithmes. — Voir les solutions de ces problèmes.

370. Tout le monde connait l'anecdote de ce prince indien qui demandait à l'inventeur du jeu des échecs quelle récompense il voulait de sa découverte. Celui-ci, dit-on, demanda 1 grain de blé pour la première case, 2 pour la deuxième, 4 pour la troisième et ainsi de suite en doublant toujours jusqu'à la soixante-quatrième et dernière case. Le prince qui avait ri d'abord de la modestie de son protégé, fut bientôt effrayé de l'énormité de la demande. Combien de grains de blé ?

371 On a une suite illimitée de cercles dont le diamètre de chacun est égal à la moitié de celui qui le précède immédiatement. On demande la somme limite de leurs surfaces en fonction de celle du plus grand.

372. Quelle serait leur somme si la surface du plus grand était 25 mètres carrés et si le rapport de leur diamètre était $\frac{1}{3}$ au lieu d'être $\frac{1}{2}$.

LOGARITHMES.

373. Si nous considérons un système de deux progressions, l'une géométrique commençant par 1, l'autre arithmétique commençant par 0, les raisons étant quelconques, nous aurons une *table de logarithmes ;* et les termes de la progression par différence seront les logarithmes des termes correspondants de la progression géométrique.

$$\begin{cases} \div 1 : 3 : 9 : 27 : 71 : 213 : 639 : \ldots\ldots \\ \div 0 . 2 . 4 . 6 . 8 . 10 . 12 \ldots\ldots \end{cases}$$

est une table de logarithmes, et 0, 2, 4, …… sont les logarithmes des termes correspondants 1, 3, 9, ……

374. Pour mieux comprendre ce que ce rapprochement offre de remarquable, représentons la raison de la progression géométrique par q et celle de la progression arithmétique par r, nous aurons :

$$
\begin{cases}
\div 1 : q : q^2 : q^3 : q^4 : q^5 : q^6 : q^7 : q^8 : \ldots\ldots q^n, \\
\div\, 0 . r . 2r . 3r . 4r . 5r . 6r . 7r . 8r \ldots\ldots nr.
\end{cases}
$$

375. En examinant ce système on remarque que les termes de la progression géométrique sont les puissances successives de la raison q, et que ceux de la progression arithmétique sont aussi les multiples successifs de la raison r; de plus, les termes étant placés les uns sous les autres de telle sorte que le premier de la progression arithmétique soit sous le premier de la progression géométrique, pour deux termes correspondants le même nombre sert d'exposant pour l'un, et de coefficient pour l'autre.

Propriétés des logarithmes.

376. 1° Si l'on fait le produit de deux termes de la progression géométrique, de q^2 et de q^4 par exemple, on aura q^{2+4} qui, comme puissance de la raison, est un des termes de la progression; si d'un autre côté on fait la somme de $2r$ et de $4r$, termes correspondants ou logarithmes de q^2 et de q^4, on aura $(2+4)\,r = 6r$ qui est le logarithme du produit q^6. Il doit nécessairement en être ainsi, puisque d'un côté on additionne les exposants des facteurs pour former l'exposant du produit et que de l'autre côté on additionne les mêmes nombres pris comme coefficients pour former le coefficient de la somme, ce coefficient est donc bien égal à l'exposant du produit, par conséquent ce

produit et cette somme sont deux termes correspondants, et on peut en conclure que :

Le logarithme d'un produit est égal à la somme des logarithmes des deux facteurs; ce qu'on exprime par

$$[1] \qquad \log. ab = \log. a + \log. b.$$

377. 2° Si, réciproquement, on divise deux termes de la progression géométrique l'un par l'autre, q^8 par q^5 par exemple, on obtiendra encore un des termes de la progression qui ici est $q^{8-5} = q^3$, et si d'un autre côté, on retranche le logarithme du diviseur q^5 de celui du dividende q^8, on obtiendra $8r - 5r = 3r$ qui est le terme correspondant de q^3 ou son logarithme.

Comme précédemment et pour les mêmes raisons il doit toujours en être ainsi.

Donc *le logarithme d'un quotient est égal au logarithme du dividende diminué du logarithme du diviseur.*

$$[2] \qquad \log. \frac{a}{b} = \log. a - \log. b.$$

378. 3° Elevons un terme de la progression géométrique à une certaine puissance, q^2 à la quatrième puissance par exemple, nous aurons

$$(q^2)^4 = q^2 \times q^2 \times q^2 \times q^2 = q^{2 \times 4};$$

multiplions aussi le logarithme de q^2 qui est $2r$ par 4, nous aurons

$$2r \times 4 = 2 \times 4r$$

qui est le logarithme de $(q^2)^4$;
ce qui montre que :

Le logarithme d'une quantité élevée à une certaine puissance est égal au logarithme de cette quantité multiplié par l'exposant de la puissance.

ou

[3]
$$\log. a^n = n \log. a.$$

379. 4° Enfin, si nous extrayons la racine cubique du terme q^6, nous aurons $q^{\frac{6}{3}} = q^2$, et, si nous divisons aussi le logarithme de q^6 qui est $6r$ par l'indice 3, nous obtiendrons $6r : 3 = 2r$ ou le logarithme de q^2.

D'une manière générale

$$\sqrt[n]{q^m} = q^{\frac{m}{n}},$$

$$mr : n = \frac{m}{n} r ;$$

ce qui montre aussi que

Le logarithme de la racine n^e d'une quantité est égal au loga_rithme de cette quantité divisé par l'indice de la racine.

ou

[4]
$$\log. \sqrt[n]{a} = \frac{\log. a}{n}.$$

380. Tout ce qui vient d'être dit peut s'appliquer à n'importe quel système, puisqu'on peut donner à q et à r des valeurs quelconques; mais à la condition, bien entendu, que la progression géométrique commence par 1 et que l'autre commence par 0.

Logarithmes vulgaires.

381. On appelle *base* d'un système de logarithmes le nombre qui a pour logarithme l'unité.

382. La base du système des logarithmes vulgaires est 10. Les deux progressions qui le forment ont, la première

pour raison 10 et l'autre pour raison 1. Ces progressions écrites dans les deux sens, sont donc :

$$\div \,\cdots\, \frac{1}{1000} : \frac{1}{100} : \frac{1}{10} : 1 : 10 : 100 : 1000 : 10000 \,\ldots\ldots$$

$$\div \,\ldots\, -3\,.\,-2\,.\,-1\,.\,0\,.\,1\,.\;\;2\;\,.\;\;\;3\;\;.\;\;4\;\;\;\ldots\ldots$$

C'est ce système qui offre le plus d'avantages, comme on le verra plus loin.

383. Il est évident que si l'on insère entre les termes de la progression géométrique un même et grand nombre de moyens, on obtiendra une progression dont la différence entre deux termes consécutifs sera très-faible; par conséquent, entre 1 et 10 par exemple, il y en aura 9 qui se rapprocheront tellement de 1, 2, 3, ...9, qu'on pourra les remplacer par ces nombres; de même entre 10 et 100, il y en aura qui se rapprocheront aussi assez de 11, 12, 13, 14, ... 99, pour qu'on puisse également les remplacer par ces nombres. En continuant ainsi à remplacer les termes qui se rapprochent le plus des nombres entiers, par ces nombres entiers, on aura une progression géométrique renfermant la suite naturelle des nombres.

Si d'un autre côté on insère entre les termes de la progression par différence *le même nombre de moyens différentiels*, on aura les logarithmes de tous les termes de la progression géométrique et entre autres les logarithmes des termes remplacés par les nombres entiers et par conséquent les logarithmes de ces nombres entiers. De cette manière on peut obtenir les logarithmes de tous les nombres entiers depuis 1 jusqu'à 10 000 par exemple.

Ces insertions exigent de très-long calculs.

384. En réunissant ces nombres entiers et en écrivant

au-dessous ou à côté leurs logarithmes, on aura une table des logarithmes vulgaires, table qu'on trouve dans le commerce de la librairie.

385. Avant d'aller plus loin et pour bien fixer les idées, nous allons appliquer les propriétés des logarithmes (376 à 379) sur les nombres entiers, en nous servant de la petite table ci-contre qui contient les logarithmes à cinq décimales des nombres depuis 1 jusqu'à 50.

1° Soit à faire le produit de 16×3.

D'après (376)   logarithme de $16 = 1,20412$
                               logarithme de $3 = 0,47712$

Somme ou logarithme du produit $= 1,68124$

Le nombre qui correspond à ce logarithme étant 48, le produit de 16×3 est 48.

2° Soit à trouver le quotient de $\dfrac{44}{11}$.

D'après (377)

                               logarithme de $44 = 1,64345$
                               logarithme de $11 = 1,04139$

Différence ou logarithme du quotient $= 0,60206.$

En cherchant dans la table le nombre qui correspond à ce logarithme, on trouve 4 qui est le quotient demandé.

3° Elever 2 à la cinquième puissance.

D'après (378)
                               logarithme de $2 = 0,30103$
                                                        5

Produit de ce log. par 5, ou log. de la puissance $= 1,50515$
d'où, en cherchant le nombre qui correspond à ce logarithme,

$$2^5 = 32.$$

Table des logarithmes des nombres
depuis 1 jusqu'à 50.

÷ 1 :...... 2 :...... 3 :...... 4 :...... 5 :......
÷ 0,00000.... 0,30103... 0,47712.... 0,60206.... 0,69897..

6 :...... 7 :...... 8 :...... 9 :...... 10 :......
0,77815.... 0,94510... 0,90309.... 0,95424.... 1,00000..

11 :...... 12 :...... 13 :...... 14 :...... 15 :......
1,04139... 1,07918.... 1,11394... 1,14613... 1,17609...

16 :..... 17 :...... 18 :..... 19 :..... 20 :......
1,20412... 1,23045.... 1,25527... 1,27875... 1,30103....

21 :..... 22 :..... 23 :..... 24 :..... 25 :......
1,32222... 1,34242.... 1,36173... 1,38021... 1,39794....

26 :..... 27 :..... 28 :..... 29 :..... 30 :......
1,41497.... 1,43136... 1,44716... 1,46240... 1,47712...

31 :...... 32 :..... 33 :..... 34 :..... 35 :.....
1,49136.... 1,50515... 1,51851.... 1,53148... 1,54407...

36 :..... 37 :...... 38 :..... 39 :..... 40 :.....
1,55630... 1,56820... 1,57978.... 1,59106... 1,60206...

41 :..... 42 :..... 43 :..... 44 :..... 45 :......
1,61278.... 1,62325... 1,63347.... 1,64345... 1,65321...

46 :...... 47 :...... 48 :..... 49 :...... 50 :......
1,66276... 1,67210... 1,68124... 1,69020... 1,69897...

4° Extraire la racine cubique de 27.

D'après (379)

$$\text{logarithme de } 27 = 1,43136$$

Quotient de ce log. par 3 ou log. de $\sqrt[3]{27} = 0,47712$

Le nombre correspondant au logarithme 0,47712 étant 3,

$$\sqrt[3]{27} = 3.$$

386. En opérant de cette manière, on abrégerait considérablement les opérations si au lieu d'avoir des nombres de 1 à 2 chiffres, on en avait de 3, 4, 5,....chiffres. Cette abréviation provient de ce que la multiplication est remplacée par une addition de deux nombres; la division, par une soustraction, l'élévation aux puissances par une multiplication dont le multiplicateur est généralement très-petit, et l'extraction des racines par une division dont le diviseur est aussi généralement très-petit.

387. CARACTÉRISTIQUE. Nous savons (382) que le logarithme de 1 est 0 et que celui de 10 est 1, les logarithmes des nombres 2, 3, 4,....9, sont donc compris entre 0 et 1, par conséquent, ils ont la même partie entière 0 et ne diffèrent que par la partie décimale. Le logarithme de 100 étant 2, les logarithmes des nombres compris entre 10 et 100 seront aussi compris entre 1 et 2, et ils auront la même partie entière 1. De même le logarithme de 1000 est 3, les logarithmes des nombres compris entre 100 et 1000 sont donc aussi plus grands que 2 et plus petits que 3 et ont tous 2 pour partie entière. On montrerait de même que les logarithmes des nombres compris entre 1000 et 10000 ont pour partie entière 3, etc.

Donc, en résumé, les logarithmes des nombres compris

entre 1 et 10, c'est-à-dire d'un chiffre, ont pour partie entière 0, les logarithmes des nombres compris entre 10 et 100, c'est-à-dire de deux chiffres, ont pour partie entière 1, ceux des nombres de 3 chiffres ont pour partie entière 2, et ainsi de suite; ce qui nous fait voir que *la partie entière du logarithme d'un nombre dépend uniquement,* DANS CE SYSTÈME VULGAIRE, *du nombre de ses chiffres, et est égale à ce nombre de chiffres moins* 1; c'est cette partie entière qu'on appelle *caractéristique.*

388. Considérons maintenant les logarithmes des nombres inférieurs à 1. Le logarithme de $\frac{1}{10}$ est — 1 donc les logarithmes des nombres compris entre $\frac{1}{10}$ est 1 sont plus grands que —1 et plus petits que 0, ils sont alors formés de la partie négative — 1 et d'une partie positive ou partie décimale plus petite que l'unité; ainsi :

$$\log. \ 0,3 = -1 + 0,47712,$$
ou
$$= \bar{1},47712;$$

le signe négatif placé au-dessus de 1 indiquant que cette partie entière seule est négative.

$$\log. \ 0,45 = \bar{1},65321.$$

Le logarithme de $\frac{1}{100}$ étant — 2, ceux des nombres compris entre $\frac{1}{100}$ et $\frac{1}{10}$ sont aussi compris entre — 2 et — 1, ils sont — 2 plus une fraction d'unité; ainsi :

$$\log. \ 0,05 = \bar{2},69897,$$
$$\log. \ 0,024 = \bar{2},38021.$$

De même les logarithmes des nombres compris entre

$\frac{1}{100}$ et $\frac{1}{1000}$ sont compris entre -2 et -3, ils sont formés de -3 et d'une quantité décimale, etc.

Donc la partie entière ou caractéristique des logarithmes des fractions décimales, est négative, et elle est égale à $\bar{1}$ si le premier chiffre décimal occupe le premier rang après la virgule, elle est égale à $\bar{2}$ si ce premier chiffre occupe le deuxième rang, elle est égale à $\bar{3}$ s'il occupe le troisième rang, etc.

389. J'ai déjà dit qu'on formait une table des logarithmes vulgaires en prenant tous les nombres entiers jusqu'à 10000, par exemple, et en écrivant à côté ou au-dessous leurs logarithmes. Généralement on n'écrit que la partie décimale, puisque la caractéristique est facile à trouver à l'inspection du nombre.

Cette table peut donner en outre les logarithmes des nombres décimaux et des fractions décimales. Pour le prouver il faut démontrer le théorème suivant :

390. THÉORÈME. *Les logarithmes des nombres qui ne diffèrent que par la position de la virgule ont même partie décimale, ils ne diffèrent que par la caractéristique.*

Soit, en effet, le nombre 8145 dont le logarithme est 3,91089; si nous divisons ce nombre par 10, nous aurons 814,5, et nous aurons le logarithme de ce quotient en retranchant 1, logarithme du diviseur, de 3,91089, logarithme du dividende (377), ce logarithme est donc 2,91089; si nous divisons encore 814,5 par 10, nous obtiendrons 81,45 dont le logarithme est 2,91089 moins 1 ou 1,91089, etc.

Si maintenant nous multiplions 8145 par 10, nous aurons

81450 dont le logarithme est (376) $3,91089 + 1 = 4,91089$; le logarithme de 81450×10 est aussi égal à $4,91089 + 1 = 5,91089$, etc.

Nous pouvons donc écrire :

$$\log. 8145 \qquad = 3,91089,$$
$$\log. 814,5 \qquad = 2,91089,$$
$$\log. 81,45 \qquad = 1,91089,$$
$$\log. 8,145 \qquad = 0,91089,$$
$$\log. 0,8145 \qquad = \overline{1},91089,$$
$$\log. 0,08145 = \overline{2},91089,$$

$$\cdots \cdots \cdots \cdots$$

$$\cdots \cdots \cdots \cdots$$

$$\log. 81450 \qquad = 4,91089,$$
$$\log. 814500 \qquad = 5,91089,$$
$$\log. 8145000 \qquad = 6,91089.$$

$$\cdots \cdots \cdots \cdots$$

$$\cdots \cdots \cdots \cdots$$

Ce raisonnement pouvant s'appliquer à tout autre nombre démontre l'énoncé du théorème.

Mais ce théorème qui est vrai pour ce système de logarithmes cesse de l'être pour tout autre : de là le grand avantage des logarithmes vulgaires.

391. Comme conclusion, *les parties décimales des logarithmes des nombres entiers contenus dans les tables, sont en même temps les parties décimales des logarithmes de ces nombres rendus 10 fois, 100 fois......plus grands, des logarithmes des nombres décimaux et des fractions décimales qui sont composés des mêmes chiffres et qui ne diffèrent par conséquent que par la position de la virgule. Comme d'ailleurs la*

caractéristique est égale dans les nombres entiers et dans les nombres décimaux, au nombre des chiffres moins 1 de la partie entière, et qu'elle est égale à $\bar{1}$, $\bar{2}$,...... dans les fractions décimales suivant que le premier chiffre à gauche occupe le premier et le deuxième rang..... après la virgule; il s'ensuit que les tables des logarithmes vulgaires permettent de trouver les logarithmes de tous les nombres, soit entiers, soit décimaux, soit fractions décimales.

USAGE DES TABLES.

292. Nous sommes redevables de l'invention des logarithmes à Néper, baron écossais, qui fit choix d'un système un peu compliqué. Plus tard il reconnut l'avantage qu'aurait un système dont la base serait 10, mais la mort l'empêcha de calculer de nouvelles tables; Henri Briggs, son ami, professeur de mathématiques à Londres, à qui il avait instamment recommandé l'exécution des tables à base décimale, publia les premières en 1624. Ces tables, complétées par Vlacq, mathématicien hollandais, sont encore la source où viennent puiser généralement ceux qui en publient de plus ou moins étendues.

Les plus répandues sont celles de Callet et de Lalande revues par J. Dupuis. Les premières contiennent les logarithmes des nombres entiers depuis 1 jusqu'à 108 000 avec 7 décimales, les autres ne contiennent que les logarithmes à 5 décimales des nombres compris entre 1 et 10 000. Ces dernières suffisent pour la plupart des cas et ce sont elles qui nous serviront. Pour leur disposition et la manière de s'en servir, on lira l'instruction qui accompagne toujours chaque volume.

393. Nous allons résoudre maintenant les différents problèmes qui se présentent.

394. Pr. I. *Trouver le logarithme d'un nombre entier.*

Deux cas se présentent :

1er cas. Le nombre donné à 4 chiffres au plus.

Ce nombre se trouvant dans la table, on n'a qu'à le chercherdans la colonne des nombres et on trouvera à côté son logarithme ou plutôt la partie décimale de ce logarithme; dans ce cas on aura la caractéristique en comptant les chiffres du nombre. Ainsi on trouve :

$$\log. 4512 = 3,65437.$$

2e cas. Le nombre donné a plus de 4 chiffres.

Soit à chercher le logarithme de 25637. Ce nombre ne se trouve pas dans les tables, mais je remarque qu'il est égal à 25630 + 7 ; or la partie décimale du logarithme de 25630 est la même que celle du logarithme de 2563, c'est-à-dire 40875, par conséquent

$$\log. 25630 = 4,40875 \text{) différence}$$
et par la même raison celui de $25640 = 4,40892$) 17.

Le nombre donné étant compris entre 25630 et 25640, son logarithme est compris entre ceux de ces deux nombres. Les différences entre les logarithmes étant sensiblement proportionnelles aux différences entre les nombres, nous sommes conduits à faire le raisonnement suivant : 25640 dépasse 25630 de 10 unités et la différence de leurs logarithmes est 17; le nombre donné dépasse 25630 de 7 unités, donc son logarithme dépassera 4,40875 de $\frac{7}{10}$ de 17 ou

$$\log. \ 25630 = 4,40875$$

$$\frac{7}{10} \text{ de } 17 \qquad = 12$$

$$\log. \ 25637 = 4,40887.$$

Les petites tables des *parties proportionnelles* qui se trouvent à côté permettent de prendre les $\frac{7}{10}$ de 17 sans opération. (Voir l'instruction.)

Soit encore à chercher le logarithme de 480937.

Comme précédemment on prend 4 chiffres sur la gauche de ce nombre et on remplace les autres par des zéros, on obtient 480900 dont

$$\left.\begin{array}{l}\log. \ 480900 = 5,68205 \\ \log. \ 481000 = 5,68215\end{array}\right\} \text{ différence } 10.$$

Le nombre donné dépassant 480900 de 37, son logarithme dépassera 5,68205 de $\frac{37}{100}$ de 10.

Disposition :

$$\log. \ 480900 = 5,68205$$

$$\frac{37}{100} \text{ de la } \textit{différence tabulaire} \qquad = 4 \text{ pour } 3,7$$

$$\log. \ 480937 = 5,68209$$

395. Pr. II. *Trouver le logarithme d'un nombre décimal.*

Soit à chercher le logarithme de 56,32. La caractéristique de ce logarithme est 1 et sa partie décimale est la même que celle du logarithme du nombre entier 5632 (390); or, celle-ci est 75066, donc

$$\log. \ 56,32 = 1,75066.$$

Soit encore à chercher le logarithme de 128,432.

La caractéristique de ce logarithme étant 2, je cherche

sa partie décimale qui est la même que celle du logarithme de 128432, et on a :

partie décimale du log. de 128400 = , 10857
la différence tabulaire étant 43,

$$\frac{32}{100} \text{ de } 43 = \text{————————} \quad 14 \text{ pour } 13,76$$

d'où   log. 128,432 = 2,10871.

396. PR. III. *Trouver le logarithme d'une fraction décimale.*

Soit à trouver le logarithme de 0,0453.

La caractéristique du logarithme de cette fraction est $\bar{2}$, (388) et sa partie décimale est la même que celle du logarithme de 453; or, les tables donnent pour ce nombre 65610, donc

$$\text{log. } 0,0453 = \bar{2},65610.$$

397. PR. IV. *Un logarithme étant donné, trouver le nombre qui lui correspond.*

On doit également considérer deux cas :

1ᵉʳ CAS. Le logarithme se trouve dans la table.

Ce cas n'offre pas de difficulté, il suffit de le chercher et de prendre le nombre qui lui correspond; ou, dans le cas où les parties décimales sont seules inscrites, de chercher cette partie décimale, de prendre le nombre qui lui correspond et de placer la virgule où l'indique la caractéristique.

Soit par exemple, à chercher le nombre qui correspond à 3,65715.

Je cherche 65715 dans les tables et je trouve que le nombre qui lui correspond est 4543, comme la caractéristique du logarithme donné est 3, le nombre demandé est 4543.

Soit encore à chercher le nombre qui correspond à 1,11294.

En cherchant le nombre qui correspond à cette partie décimale, on trouve 1297, et, comme la caractéristique est 1, le nombre demandé est 12,97.

2ᵉ CAS. Le logarithme donné n'est pas dans les tables.

Soit à chercher le nombre qui correspond au logarithme 2,65240.

Je cherche dans les tables la partie décimale inférieure à 65240 et qui s'en rapproche le plus, je trouve 65234 qui correspond au nombre 4491, celle qui vient immédiatement après et qui correspond à 4492 est 65244, plus grande que l'autre de 10 ; je fais alors le raisonnement suivant : Une différence logarithmique de 10 correspond à une différence dans les nombres de 1, comme le logarithme donné surpasse 65234 de 6, le nombre qui lui correspond dépassera 4491 de $\frac{6}{10}$ et sera 44916, abstraction faite de la virgule ; enfin la caractéristique du logarithme donné étant 2, le nombre demandé est 449,16.

Soit encore à chercher le nombre qui correspond à 1,26252.

La partie décimale inférieure à 26252 et qui s'en rapproche le plus est 26245, le nombre qui lui correspond est 1830 ; cette partie décimale est plus petite que celle qui vient immédiatement après de 24 ; comme 26252 dépasse 26245 de 7, il faut donc ajouter à 1830 les $\frac{7}{24}$ de 1 ou 0,29 pour 0,2916 et on aura 183029 ; enfin la caractéristique du logarithme donné étant 1, le nombre demandé est 18,3029.

398. REMARQUE. On ne peut guère compter que sur

l'exactitude des 5 premiers chiffres, les autres étant sans influence sur les logarithmes des tables à 5 décimales pour les nombres inférieurs à 10 000, mais lorsque le sixième est plus grand que 5 on augmente de 1 le cinquième. Ainsi, au lieu de 18,302916.... on prendrait seulement 18,303.

399. Si le logarithme donné avait une caractéristique négative, on opérerait de la même manière; mais on se rappellerait que le nombre demandé est une fraction déci-male et on ferait occuper au premier chiffre décimal le premier, le deuxième.... rang après la virgule, suivant que la caractéristique serait $\bar{1}$, $\bar{2}$....

Comme exemple, soit à chercher la fraction correspondant à $\bar{2}$,82040.

Le nombre correspondant à 82040 étant 6613, la fraction demandée est 0,06613.

EXERCICES.

400. Trouver les logarithmes des nombres suivants :
1°   4053, 329, 9421, 1150,
              2200, 7000.
2°   52482, 660493, 17854.
3°   54,32, 7,8643, 240,52.
4°   0,45, 0,002354, 0,00045.

401. Etant donnés les logarithmes suivants, trouver les nombres qui leur correspondent :
1°   2,26576, 1,30038, 5,69040.
2°   3,47816, 0,52329, 8,86329,
              2,56007, 4,30841.

3° $\qquad$ $1,25642,\ \bar{2},56321,\ \bar{5},00482,$
$$\bar{1},37000,\ \bar{3},452308.$$

Applications des logarithmes.

402. 1° *Trouver le produit de plusieurs facteurs au moyen des logarithmes.*

Soit à faire le produit de
$$354 \times 15 \times 0,00421 \times 2,452.$$

D'après (376) le logarithme de ce produit est égal à la somme des logarithmes de ses facteurs, nous aurons donc

$$\log. \ 354 = 2,54900$$
$$\log. \ 15 = 1,17609$$
$$\log. \ 0,00421 = \bar{3},62428$$
$$\log. \ 2,452 = 0,38952$$

Somme ou log. du produit $= 1,73889.$

Le nombre qui correspond à ce logarithme étant $54,814,$
$$354 \times 15 \times 0,00421 \times 2,452 = 54,814.$$

403. 2° *Effectuer une division par les logarithmes.*

Soit à trouver le quotient de
$$\frac{7429}{538}.$$

Nous savons (377) que le logarithme de ce quotient est égal à
$$\log. \ 7429 - \log. \ 538,$$
ou $\qquad$ $\log. \ 7429 = 3,87093$
$$- \log. \ 538 = 2,73078$$

différence ou log. du quotient $= 1,14015$
d'où le quotient est $13,809.$

Soit encore à trouver le quotient de

$$\frac{74 \times 0{,}543}{18{,}45 \times 25{,}4}.$$

Le logarithme de ce quotient est égal à

$$\log. 74 + \log. 0{,}543 - \log. 18{,}45 - \log. 25{,}4,$$

ou $\log. 74 = 1{,}86923,$ $\log. 18{,}45 = 1{,}26600,$

$\log. 0{,}543 = \overline{1}{,}73480,$ $\log. 25{,}4 = 1{,}40483,$

$$\overline{\quad 1{,}60403 \quad} \qquad \overline{\quad 2{,}67083 \quad}$$

$\log.$ du quotient $1{,}60403 - 2{,}67083 = \overline{2}{,}93320$

Le nombre correspondant à ce logarithme ou le quotient est $0{,}085744$.

404. On peut simplifier la recherche du logarithme d'un quotient par l'emploi de ce qu'on appelle le *complément à l'unité,* je passerai sous silence cette manière d'opérer pour ne pas surcharger l'esprit des élèves.

405. 3° *Elever un nombre à une puissance quelconque par les logarithmes.*

Soit à élever 7 à la cinquième puissance.

On sait que

$$\log. 7^5 = 5 \times \log. 7 ;$$

or $\log. 7 = 0{,}84510,$

donc $\log. 7^5 = 7 \times 0{,}84510 = 5{,}91570$ d'où

$$7^5 = 823570$$

à une dizaine près.

Soit encore à élever 3 à la trentième puissance, on aura $\log. 3^{30} = 30 \times 0{,}47712 = 15{,}08360;$ les 5 premiers chiffres du nombre correspondant étant 12123, la trentième puissance de 3 est

$$1\ 212\ 300\ 000\ 000\ 000.$$

406. 4° *Extraire une racine quelconque par les logarithmes.*
Soit à extraire la racine cinquième de 8463.
D'après (379)

$$\log. \sqrt[5]{8463} = \frac{\log. 8463}{5} = \frac{3,92752}{5} = 0,78550$$

$$\text{d'où } \sqrt[5]{8463} = 6,1025.$$

Soit, pour second exemple,

$$\sqrt[5]{0,00149}\,; \text{ on a :}$$

$$\log. 0,00149 = \overline{3},17319,$$

le logarithme de la racine est donc égal à

$$\frac{\overline{3},17319}{5} = \frac{-3 + 0,17319}{5}\,;$$

pour que la caractéristique soit divisible par 5, je l'augmente
de — 2, et pour que le résultat ne soit pas altéré, j'augmente
la partie décimale de 2, ce qui donne

$$\frac{\overline{3},17319}{5} = \frac{-5 + 2,17319}{5} = \overline{1},43464\,;$$

le nombre correspondant est 0,27204 ;
donc $$\sqrt[5]{0,00149} = 0,27204.$$

EXERCICES.

407. Effectuer les opérations suivantes :

1° $$425 \times 7529634 \times 0,004,$$
2° $$0,56 \times 0,0056 \times 4,253,$$
3° $$7562000 \times 0,00072,$$

11

$4°$
$$\frac{15 \times 2982 \times 7600}{0,042 \times 0,0056},$$

$5°$
$$\frac{0,0520 \times 0,78425}{430 \times 20004},$$

$6°$
$$\overline{75}^{5}, \ \overline{1014}^{7}, \ 2^{64},$$

$7°$
$$\left(\frac{3}{4}\right)^{11}, \ \left(\frac{7}{11}\right)^{13},$$

$8°$
$$\sqrt[10]{34329}, \ \sqrt[7]{20642},$$

$9°$
$$452 \times \sqrt[3]{654}, \ 0,24 \times \sqrt[6]{\frac{0,72}{452}},$$

$10°$
$$\frac{492}{64} \times \sqrt[4]{3},$$

$11°$
$$\overline{42}^{4} \times 0,3^{11} \times \sqrt[6]{2}.$$

$12°$
$$\frac{1}{0,0025 \times \sqrt{453} \times \sqrt[3]{0,027}}.$$

CHAPITRE VII.

INTÉRÊTS COMPOSÉS.

et application

AUX ANNUITÉS ET A L'AMORTISSEMENT.

CRÉDIT FONCIER.

---

408. Nous avons vu en arithmétique qu'*une somme est placée à intérêts composés quand, ne retirant pas les intérêts à la fin de chaque année, ils s'ajoutent à elle pour rapporter aussi intérêts.*

409. Dans les intérêts composés, on a plutôt à chercher la valeur prise par un capital que l'intérêt de ce capital.

411. La législation n'accorde pas comme un droit que l'on retire les intérêts des intérêts, mais elle permet de recourir à ce mode de placement sous la condition d'une clause expresse.

Dans les questions d'intérêts composés, on peut avoir à résoudre quatre espèces de problèmes :

411. Problème I. *Trouver la valeur prise au bout de 7 ans par une somme de 4200 fr. placée à intérêts composés et au taux de 5 °/₀.*

A ce taux, 1 fr. rapporte en un an $\dfrac{5}{100}$ de fr. $= 0,05$, et devient au bout de ce temps 1 fr. 05. Si 1 fr. prend une valeur de 1 fr. 05, 4200 fr. pendant le même temps, prendront une valeur 4200 fois plus forte ou

$$1 \text{ fr. } 05 \times 4200.$$

La somme donnée a pris cette valeur au bout de la première année; pour trouver ce qu'elle devient au bout de la deuxième année, c'est-à-dire un an plus tard, je ferai le même raisonnement: 1 fr. au bout d'un an devient 1,05, la somme représentée par $1{,}05 \times 4200$ deviendra

$$1{,}05 \times 1{,}05 \times 4200 = \overline{1{,}05}^{2} \times 4200.$$

En continuant à raisonner ainsi, on trouvera que la somme 4200 fr. prendra successivement les valeurs :

à la fin de la 3ᵉ année $\quad 1{,}05 \times \overline{1{,}05}^{2} \times 4200 = \overline{1{,}05}^{3} \times 4200,$

$\quad \ldots \ldots$ 4ᵉ $\quad$ » $\quad 1{,}05 \times \overline{1{,}05}^{3} \times 4200 = \overline{1{,}05}^{4} \times 4200.$

$$\ldots \ldots \ldots \ldots \ldots \ldots \ldots \ldots \ldots$$

$$\ldots \ldots \ldots \ldots \ldots \ldots \ldots \ldots$$

$\quad \ldots \ldots$ 7ᵉ année $\quad 1{,}05 \times \overline{1{,}05}^{6} \times 4200 = \overline{1{,}05}^{7} \times 4200,$

Si A représente cette dernière valeur, c'est-à-dire la valeur demandée, on aura

$$A = \overline{1{,}05}^{7} \times 4200;$$

ou, en employant les logarithmes,

$$\log. A = 7 \times \log. 1{,}05 + \log. 4200.$$
$$\log. 1{,}05 = 0{,}02119,$$

$$7 \times \log. 1{,}05 = \quad 0{,}14833$$
$$\log. 4200 = \quad 3{,}62325$$

$$\text{Somme ou } \log. A = \quad 3{,}77158$$
$$A = 5910 \text{ fr.}$$

412. Généralisation. Si l'on représente le capital placé à intérêts composés par C, le temps exprimé en années par n et l'intérêt de 1 fr. pendant un an par r, on arrive par le même raisonnement à la formule

$$[1] \qquad A = C\,(1 + r)^n,$$

$(1 + r)$ étant la valeur prise par 1 fr. au bout d'une année,

ou $\qquad \log. A = \log. C + n \log. (1 + r).$

413. **Application.** *Une somme de 760 fr. est restée à intérêts composés 10 ans entre les mains d'un débiteur. Combien celui-ci a-t-il dû donner à son créancier au bout de ce temps, si l'on a calculé les intérêts au taux de 4 fr. 50 °/₀?*

En substituant ces données dans la formule logarithmique précédente, on obtient

$$\log. A = \log. 760 + 10 \log. 1{,}045,$$

0,045 étant l'intérêt de 1 fr., 1,045 est sa valeur prise au bout d'un an.

$$\begin{array}{lr} \log. 760 = & 2{,}88081 \\ \log. 1{,}045 = 0{,}01870 & \\ 10 \log. 1{,}045 = & 0{,}19120 \\ \hline \text{Somme ou } \log. A = & 3{,}07201 \end{array}$$

$$A = 1180 \text{ fr. } 4.$$

414. Dans ce qui précède le temps est exprimé en un nombre entier d'années, or il n'en est pas toujours ainsi; il peut aussi être exprimé en mois ou en jours; mais dans ces deux cas on peut toujours le représenter par un nombre entier d'années plus une fraction d'année : ainsi, si le temps d'un placement était de 68 mois, on pourrait encore l'exprimer par 5 ans 8 mois ou 5 ans $\frac{8}{12}$ d'année ou 5 ans $\frac{2}{3}$.

Dans ce cas, on arrive au résultat en étendant le raisonnement précédent à la fraction d'année.

Si l'on représente cette fraction par f et le nombre entier d'années par n, le capital C devient au bout de n années

$$C(1+r)^n,$$

et comme 1 fr. rapporte r en un an, pendant la fraction d'année f, il rapportera évidemment un intérêt représenté par fr et deviendra $1+fr$ au bout de ce temps. Si 1 fr. devient $1+fr$, le nombre de francs représenté par $C(1+r)^n$ deviendra

$$C(1+r)^n(1+fr);$$

ou   [1] *bis.* $A = C(1+r)^n(1+fr).$

En transformant cette formule en formule logarithmique, on obtient

$$\log. A = \log. C + n\log.(1+r) + \log.(1+fr).$$

415. Application. *Quelle est la valeur prise par un capital de 7 200 fr. qui est resté placé à intérêts composés pendant 7 ans 75 jours, en calculant les intérêts au taux 4 %?*

Dans cet exemple, la fraction d'année est $\dfrac{75}{360}$ qui est égale à $\dfrac{5}{24}$. L'intérêt d'un franc pendant ce temps est alors

$$0{,}04 \times \frac{5}{24} = 0{,}00838\ldots$$

et $1+fr = 1{,}00838\ldots$

En introduisant ces valeurs dans la formule précédente, on obtient

$$\log. A = \log. 7200 + 7\log. 1{,}04 + \log. 1{,}00838\ldots$$

$$
\begin{aligned}
\log. 7200 &= && 3{,}85733\\
\log. 1{,}04 &= 0{,}01703 &&\\
7\log. 1{,}04 &= && 0{,}11921\\
\log. 1{,}00838 &= && 0{,}00362\\
\hline
\text{Somme au } \log. A &= && 3{,}98016\\
A &= 9553 \text{ fr. } 4.
\end{aligned}
$$

416. Quelquefois les intérêts sont *capitalisés* tous les six mois.

Dans ce cas 1 fr. rapporte $\frac{r}{2}$ par semestre et devient au bout de 6 mois $1+\frac{r}{2}$, partant une somme C au bout de ce temps prend une valeur

$$C\left(1+\frac{r}{2}\right);$$

au bout du second semestre cette valeur deviendra

$$C\left(1+\frac{r}{2}\right)\left(1+\frac{r}{2}\right)=C\left(1+\frac{r}{2}\right)^{2};$$

au bout du troisième, quatrième,.... semestre, C deviendra successivement :

$$C\left(1+\frac{r}{2}\right)^{2}\left(1+\frac{r}{2}\right)=C\left(1+\frac{r}{2}\right)^{3},$$

$$C\left(1+\frac{r}{2}\right)^{3}\left(1+\frac{r}{2}\right)=C\left(1+\frac{r}{2}\right)^{4},$$

$$\ldots\ldots\ldots\ldots\ldots$$

$$\ldots\ldots\ldots\ldots\ldots$$

et au bout de n années ou de $2n$ semestres,

$$C\left(1+\frac{r}{2}\right)^{2n}.$$

On a donc

$$A=C\left(1+\frac{r}{2}\right)^{2n};$$

ou $\qquad \log. A=\log. C+2n\log.\left(1+\frac{r}{2}\right).$

417. Comme application, supposons que dans le problème du numéro 411 les intérêts soient capitalisés tous les six mois, nous aurons, en introduisant dans cette dernière formule 4200, 7 et 0,05,

$$\log. A = \log. 4200 + 2 \times 7 \log. \left(1 + \frac{0,05}{2}\right),$$

ou $\log. A = \log. 4200 + 14 \log. (1,025).$

$$\log. 4200 = \qquad 3,62325$$
$$\log. 1,025 = 0,01072$$
$$14 \log. 1,025 = \qquad 0,15008$$

Somme ou $\log. A = \qquad\qquad 3,77333$

$$A = 5933 \text{ fr. } 7.$$

Précédemment nous avons trouvé 5910 fr. En capitalisant tous les 6 mois on trouve donc une valeur plus forte, ce qui était facile à prévoir.

418. PROBLÈME II. *Une somme placée à intérêts composés au taux 4 °/₀ a pris une valeur de* 8900 *fr. au bout de* 17 *ans. Quelle est cette somme?*

Pour résoudre ce problème et les questions semblables, on se sert de la formule trouvée au numéro 412

$$A = C (1 + r)^n,$$

de laquelle on tire, en divisant ses deux membres par $(1 + r)^n$,

[2] $$C = \frac{A}{(1 + r)^n}$$

qui est la formule du capital.

En la transformant en formule logarithmique, on obtient

$$\log. C = \log. A - n \log. (1 + r).$$

Si dans cette formule nous faisons $A = 8900$, $n = 17$, $r = \frac{4}{100} = 0,04$, nous aurons

$$\log. C = \log. 8900 - 17 \log. 1,04$$

$\log. 8900 =$	3,94939
$17 \log. 1,04 =$	0,28951
Différence ou $\log. C =$	3,65988

$$C = 4569 \text{ fr. } 6.$$

419. Si le temps du placement était exprimé en années et en fraction d'année, on tirerait la formule du capital de celle du numéro 414, et on aurait

$$C = \frac{A}{(1 + r)^n (1 + fr)},$$

ou $\log. C = \log. A - n \log. (1 + r) - \log. (1 + fr)$.

420. APPLICATION. *Quelle est la somme qui, placée au taux de 5 °/₀, a pris une valeur de 1070 fr. au bout de 8 ans 7 mois?*

Dans ce problème

$$f = \frac{7}{12},$$

$$fr = \frac{7}{12} \times 0,05 = 0,0292...,$$

$$1 + fr = 1,0292...$$

On a, en appliquant la formule précédente,

$$\log. C = \log. 1070 - 8 \log. 1,05 - \log. 1,0292...$$

$\log. 1070 =$	3,02938
$\log. 1,05 = 0,02119$	
$8 \log. 1,05 =$	0,16952
$\log. 1,0292 =$	0,01250
Différence du premier log. et de la somme de ces deux derniers ou $\log. C =$	2,84736

$$C = 703 \text{ fr. } 65.$$

421. Problème III. *Un capital de 12500 fr., placé à intérêts composés au taux de 5°/₀, a pris une valeur de 21380 fr. Quel a été le temps du placement ?*

422. Dans les problèmes précédents nous avons employé les logarithmes pour arriver plus rapidement aux résultats, mais nous aurions pu employer le calcul direct. Dans celui-ci, l'inconnue étant en exposant, l'emploi des logarithmes est indispensable. Nous nous servirons alors de la formule logarithmique générale des intérêts composés

$$\log. A = \log. C + n \log. (1 + r),$$

dans laquelle n exprime un nombre entier d'années.

De cette formule on tire, en faisant passer log. C dans le premier membre et en divisant le tout par log. $(1 + r)$,

$$[3] \qquad n = \frac{\log. A - \log. C}{\log. (1 + r)}.$$

Si on y introduit les données du problème, on aura

$$n = \frac{\log. 21380 - \log. 12500}{\log. 1,05}.$$

$$\begin{aligned}
\log. 21380 &= \quad 4,33001 \\
\log. 12500 &= \quad 4,09691 \\
\hline
\text{Différence} &= \quad 0,23310 \\
\log. 1,05 &= \quad 0,02119
\end{aligned}$$

$$n = \frac{0,23310}{0,02119} = 11 \text{ années.}$$

423. Dans ce problème, le temps du placement est un nombre entier d'années ; dans le cas où il serait un nombre entier d'années plus une fraction, la formule précédente qui ne contient que n ne serait plus applicable, il faudrait alors avoir recours à

$$\log. A = \log. C + n \log. (1 + r) + \log (1 + fr),$$

qui donne, en faisant passer log. C dans le premier membre et en divisant le tout par logarithme $(1 + r)$,

$$\frac{\log. A - \log. C}{\log. (1 + r)} = n + \frac{\log. (1 + fr)}{\log. (1 + r)}.$$

Cette égalité permet de trouver le nombre entier d'années et la fraction f.

Si nous nous rappelons en effet, qu'on complète le quotient d'une division par une fraction ordinaire dont le numérateur est le reste de la division et dont le dénominateur est le diviseur, en divisant log. A — log. C par log. $(1 + r)$ lorsque nous aurons trouvé la partie entière, la fraction qui complétera le quotient sera $\dfrac{R}{\log. (1 + r)}$, R étant le reste de la division; si d'autre part on observe que $\dfrac{\log. (1 + fr)}{\log. (1 + r)}$ est une fraction, puisque log. $(1 + fr)$ est plus petit que log. $(1 + r)$, cette fraction peut être considérée comme le complément de la partie entière n du quotient, donc $\dfrac{R}{\log. (1 + r)}$

$$= \frac{\log. (1 + fr)}{\log. (1 + r)} \text{ et } R = \log. (1 + fr).$$

Ce qui montre *qu'on aura le temps d'un placement à intérêts composés en divisant log. A — log. C par log. (1 + r); la partie entière de ce quotient donne le nombre entier d'années et le reste de la division se trouve être le logarithme de (1 + fr). En cherchant le nombre qui correspond à ce logarithme on a 1 + fr, d'où il est facile de tirer la fraction d'année f.*

424. APPLICATION. *Un capital de 5400 fr. a pris au taux 4 % une valeur de 9853 fr. 5. Combien de temps a duré le placement?*

En introduisant ces données dans la formule précédente, on a

$$\log. \frac{\log. 9853,5 - \log. 5400}{\log. 1,04} = n + \frac{\log. (1 + fr)}{\log. 1,04}.$$

$$
\begin{aligned}
\log. 9853,5 &= 3,99359 \\
\log. 5400 &= 3,73239 \\
\hline
\text{différence} &= 0,26120 \\
\log. 1,04 &= 0,01703.
\end{aligned}
$$

La division de 0,26120 par 0,01703 donne 15 pour partie entière, et 0,00575 pour reste, ce reste étant le logarithme de $1 + fr$ ou de $1 + f \times 0,04$ on trouve

$$1 + f \times 0,04 = 1,0133$$
$$f \times 0,04 = 0,0133$$

d'où

$$f = \frac{0,0133}{0,04} = 0,33\ldots = \frac{1}{3}.$$

Le temps demandé est donc

$$\text{15 ans, 4 mois.}$$

425. **Problème IV.** *Une personne avait placé* 670 *francs à intérêts composés ; au bout de* 7 *ans elle a retiré, capital et intérêts,* 942 *fr.* 76. *Quel a été le taux du placement?*

La formule logarithmique

$$\log. A = \log. C + n \log. (1 + r)$$

donne, en faisant passer log. C dans le premier membre et en divisant le tout par n,

$$[4] \qquad \log. (1 + r) = \frac{\log. A - \log. C}{n}$$

et, en introduisant les données du problème dans cette dernière formule, on obtient

$$\log. (1 + r) = \frac{\log. 942,76 - \log. 670}{7}$$

$$\log. 942,76 = \qquad 2,97440$$
$$\log. 670 = \qquad 2,82607$$

$$\text{Différence} = \qquad \overline{0,14833}$$

Quotient par 7 ou log. $(1 + r) = 0,02119$, d'où $1 + r = 1,05$ et $r = 0,05$; le taux ou 100 fois l'intérêt de 1 fr. est alors égal à 5.

426. Si le temps était exprimé en années et en fraction d'année, on emploierait la formule logarithmique du n° 414; mais dans cette formule r se trouvant engagé dans deux logarithmes, log. $(1 + r)$ et log. $(1 + fr)$, on ne peut déterminer cette inconnue par les procédés ordinaires. Dans ce cas, on emploie une méthode particulière, la méthode des *approximations successives*.

Duplication d'un capital.

427. Pour trouver au bout de combien de temps un capital placé à intérêts composés est doublé, il suffit de faire dans la formule générale [1] bis, $A = 2C$, et on a

$$2C = C (1 + r)^n (1 + fr),$$

ou, en divisant les 2 membres par C,

$$2 = (1 + r)^n (1 + fr),$$

ou enfin

$$\log. 2 = n \log. (1 + r) + \log. (1 + fr)$$

d'où l'on tire

$$\frac{\log. 2}{\log. (1 + r)} = n + \frac{\log. (1 + fr)}{\log. (1 + r)}.$$

La partie entière du quotient de log. 2 par log. $(1 + r)$

donnera le nombre d'années et le reste de la division donnera la fraction d'année, en observant comme au n° 423, que le reste de la division est le logarithme de $1 + fr$.

428. Application. *Une somme étant placée au taux 5 %, au bout de combien de temps est-elle doublée ?*

En introduisant ce taux dans la formule précédente, on obtient

$$\frac{\log. 2}{\log. 1,05} = n + \frac{\log. (1 + f \times 0,05)}{\log. 1,05},$$
$$\log. 2 = 0,30103,$$
$$\log. 1,05 = 0,02119.$$

La partie entière du quotient de ces deux logarithmes est 14, et le reste de la division ou le logarithme de $1 + f \times 0,05$ est 0,00447. Le nombre correspondant à ce logarithme étant 1,0104,

$$1 + f \times 0,05 = 1,0104,$$
$$f \times 0,05 = 0,0104,$$

d'où $\qquad f = \dfrac{0,0104}{0,05} = 0,208 = 2$ mois 15 jours.

Une somme placée à intérêts composés au taux 5 % est donc doublée au bout de

$$14 \text{ ans } 2 \text{ mois } 15 \text{ jours.}$$

429. Si la durée d'un placement à intérêts composés était très-grande, des sommes très-minimes finiraient par acquérir des valeurs considérables et qui dépasseraient de beaucoup les limites de nos prévisions.

Pour nous en donner une idée, résolvons le problème suivant :

430. *Calculer la somme qu'aurait produit un sou 0,05*

*centimes placé à intérêts composés depuis la naissance de N.-S.
Jésus-Christ jusqu'à nos jours.*

Si nous représentons par A cette valeur, nous aurons

$$\log. A = \log. 0,05 + 1873 \log. 1,05,$$

$$\log. 0,05 = \overline{2},69897$$
$$\log. 1,05 = 0,02119$$
$$1873 \log. 1,05 = 39,69187$$

$$\text{Somme ou } \log. A = 38,39084$$

$A = 245\,940\,000\,000\,000\,000\,000\,000\,000\,000\,000\,000\,000$ fr.

On ne peut se faire une idée d'un pareil nombre. Si on le compare à un globe d'or aussi volumineux que la terre, on arrive à ce résultat qui dépasse notre imagination et qui nous confond, à savoir que si depuis J.-C. il était tombé 7 globes d'or massifs aussi gros que la terre toutes les deux minutes, leur accumulation ne représenterait pas encore la valeur prise par un sou placé à intérêts composés depuis la même époque.

En effet, la valeur d'un de ces globes d'or est représentée approximativement par 64 suivi de 27 zéros, nombre contenu presque 4 milliards de fois dans la valeur prise par le sou, et depuis J.-C. il ne s'est pas écoulé un milliard de minutes.

De même, si un sou eût été placé à intérêts composés par Charlemagne, il aurait maintenant une valeur qui placée à 5 % par an produirait à chaque français un revenu annuel de *plusieurs centaines de milliards de francs.*

ANNUITÉS.

431. *On appelle annuité une somme qu'on paye annuellement pour créer un capital ou pour éteindre une dette.*

Les annuités se payent au commencement ou à la fin de chaque année.

Comme pour les intérêts composés, nous considérerons les principaux problèmes qui peuvent se présenter, et de leurs solutions nous tirerons les formules des annuités.

432. **Problème I.** *Une personne voulant se créer un capital place chaque année chez un banquier 250 fr. à intérêts composés et à 5 %. Quel sera ce capital à la fin de 1884, si la première annuité a été versée au commencement de 1874 et si la dernière est versée au commencement de la dernière année?*

La première annuité versée reste placée pendant 11 ans et a pour valeur au bout de ce temps

$$250 \times \overline{1,05}^{11},$$

la seconde, versée un an après, reste 10 ans entre les mains du banquier et devient

$$250 \times \overline{1,05}^{10},$$

les autres restant placées 9, 8, 7,..... 1 an prennent pour valeurs :

$$250 \times \overline{1,05}^{9},$$
$$250 \times \overline{1,05}^{8},$$

$$\cdots\cdots$$

$$\cdots\cdots$$

$$250 \times \overline{1,05}^{2},$$
$$250 \times 1,05.$$

La somme de toutes ces valeurs ou le capital A est donc égal à

$$250 \times \overline{1,05}^{11} + 250 \times \overline{1,05}^{10} + 250 \times \overline{1,05}^{9} + \ldots\ldots 250 \times \overline{1,05}^{2} + 250 \times 1,05$$

ou, en mettant 250 en facteur commun,

$$A = 250 \left(\overline{1,05}^{11} + \overline{1,05}^{10} + \overline{1,05}^{9} + \ldots\ldots \overline{1,05}^{2} + 1,05 \right)$$

ou $\qquad A = 250 \left(1,05 + \overline{1,05}^{2} + \ldots\ldots \overline{1,05}^{9} + \overline{1,05}^{10} + \overline{1,05}^{11} \right).$

Les termes entre parenthèses forment une progression par quotient commençant par 1,05, dont la raison est 1,05 et dont le dernier terme est $\overline{1,05}^{11}$; la somme de ces termes est alors (342)

$$\frac{\overline{1,05}^{11}\times 1,05 - 1,05}{1,05 - 1} = \frac{1,05\,(\overline{1,05}^{11} - 1)}{0,05}.$$

Si l'on introduit cette somme dans la dernière égalité, on obtient

$$A = \frac{250\times 1,05\,(\overline{1,05}^{11} - 1)}{0,05},$$

ou

$$\log. A = \log. 250 + \log. 1,05 + \log. (\overline{1,05}^{11} - 1) - \log. 0,05.$$

Calcul.

Cette formule n'est pas entièrement calculable par les logarithmes. On calcule $(\overline{1,05}^{11} - 1)$ en s'aidant des tables et on en prend le logarithme :

$$\log. 250 = 2,39794$$
$$\log. 1,05 = 0,02119$$
$$\log. (\overline{1,05}^{11} - 1) = \overline{1},85150$$
$$\overline{\phantom{\log. (\overline{1,05}^{11} - 1) =}\ 2,27063}$$
$$\log. 0,05 = \overline{2},69897$$

Différence ou logarithme de $C = \overline{3,57166}$
Nombre correspondant ou

$$A = 3279 \text{ fr. } 60.$$

433. Généralisation. Supposons qu'on donne l'annuité a pendant n années et que l'intérêt de 1 fr. soit r.

La première annuité qui reste tout le temps entre les mains du banquier prend au bout de n années la valeur

$$a\,(1 + r)^n,$$

la seconde, restant 1 an de moins, devient

$$a\,(1+r)^{n-1},$$

la troisième, restant encore 1 an de moins, devient

$$a\,(1+r)^{n-2},$$

$$\cdot\ \cdot\ \cdot\ \cdot\ \cdot\ \cdot\ \cdot\ \cdot\ \cdot\ \cdot$$

$$\cdot\ \cdot\ \cdot\ \cdot\ \cdot\ \cdot\ \cdot\ \cdot\ \cdot\ \cdot$$

enfin, la dernière qui est donnée au commencement de la dernière année, prend pour valeur

$$a\,(1+r).$$

A la fin de la n^{e} année, le banquier doit donc

$$A = a\,(1+r)^{n} + (1+r)^{n-1} + a\,(1+r)^{n-2} + \ldots a\,(1+r),$$

ou, en mettant a en facteur commun,

$$A = a\,[(1+r)^{n} + (1+r)^{n-1} + (1+r)^{n-2} + \ldots 1+r],$$

ou

$$A = a\,[1+r+\ldots(1+r)^{n-2} + (1+r)^{n-1} + (1+r)^{n}].$$

Les termes entre crochets forment une progression géométrique dont le premier terme est $1+r$, la raison $1+r$ et le dernier $(1+r)^{n}$, leur somme est alors

$$S = \frac{(1+r)^{n}(1+r) - (1+r)}{1+r-1} = \frac{(1+r)[(1+r)^{n} - 1]}{r};$$

et, si nous substituons, nous aurons

$$[1] \qquad A = a\,\frac{(1+r)[(1+r)^{n} - 1]}{r}.$$

Telle est la formule des annuités quand on les donne au commencement de chaque année.

434. **Application.** *Quel capital se créera-t-on en donnant chaque année et pendant 20 ans une annuité de 540 fr., si l'on*

compte les intérêts au taux 5 °/₀, les annuités étant données au commencement de chaque année?

Pour arriver au résultat, il suffit de faire dans la formule [1]

$$a = 540, \, n = 20, \, r = 0,05,$$

et on obtient

$$A = 540 \times \frac{1,05\,(\overline{1,05}^{20} - 1)}{0,05}.$$

Calcul.

$$\log. \, 540 = 2,73239$$
$$\log. \, 1,05 = 0,02119$$
$$\log. \, (\overline{1,05}^{20} - 1) = 0,21838$$
$$\overline{}$$
$$2,97196$$
$$\log. \, 0,05 = \overline{2},69897$$
$$\overline{}$$
$$\text{Différence ou } \log. \, A = 4,27299$$
$$A = 18750 \text{ fr.}$$

435. Considérons maintenant le cas où les annuités sont payées à la fin de chaque année.

436. **Problème II.** *Un débiteur pour payer entièrement son créancier promet de lui donner à la fin de chaque année et pendant 8 ans, à partir de ce jour, une somme de 240 fr. Que lui aura-t-il donné au bout de ce temps, si l'on calcule les intérêts à 5 °/₀?*

La première annuité donnée à la fin de la première année rapporte intérêt pendant 7 ans, c'est-à-dire jusqu'à la fin de la huitième année, moment du règlement, et devient

$$240 \times \overline{1,05}^{7},$$

la seconde, donnée à la fin de la deuxième année, prend pour valeur

$$240 \times \overline{1,05}^{6},$$

$$\dots\dots$$

$$\dots\dots$$

$$\dots\dots$$

enfin, la dernière qui est donnée au moment du règlement ne s'accroît d'aucun intérêt.

Ce débiteur aura donc donné à son créancier la somme de toutes ces valeurs prises, et si l'on représente cette somme par A, on aura

$$A = 240 \times \overline{1,05}^{7} + 240 \times \overline{1,05}^{6} + 240 \times \overline{1,05}^{5} + \dots 240 \times 1,05 + 240,$$

ou, en mettant 240 en facteur commun,

$$A = 240 \,(\overline{1,05}^{7} + \overline{1,05}^{6} + \overline{1,05}^{5} + \dots 1,05 + 1),$$

ou $\quad A = 240 \,(1 + 1,05 + \dots \overline{1,05}^{5} + \overline{1,05}^{6} + \overline{1,05}^{7}).$

Les termes entre parenthèses, formant une progression géométrique, leur somme est

$$\frac{\overline{1,05}^{7} \times 1,05 - 1}{1,05 - 1} = \frac{\overline{1,05}^{8} - 1}{0,05},$$

et, si nous introduisons cette somme dans la dernière égalité, nous aurons

$$A = 240 \left(\frac{\overline{1,05}^{8} - 1}{0,05} \right),$$

ou $\quad \log. A = \log. 240 + \log. (\overline{1,05}^{8} - 1) - \log. 0,05.$

Calcul.

$$\log. 240 = 2{,}38021$$
$$\log. (\overline{1{,}05}^{8} - 1) = \overline{1}{,}67897$$

$$2{,}05918$$

$$\log. 0{,}05 = \overline{\overline{2}}{,}69897$$

$$\text{Différence ou log. } A = \qquad 3{,}36021$$

$$A = 2292 \text{ fr.}$$

437. Généralisation. *Supposons que l'annuité donnée soit a, que n soit le nombre des années et r l'intérêt de 1 franc au bout d'un an.*

La première annuité rapporte intérêt pendant $n-1$ années, puisqu'elle est donnée à la fin de la première et prend alors pour valeur

$$a\,(1 + r)^{n-1},$$

les autres deviennent :

$$a\,(1 + r)^{n-2},$$
$$a\,(1 + r)^{n-3},$$
$$\cdots\cdots$$
$$\cdots\cdots$$
$$a\,(1 + r)^{2},$$
$$a\,(1 + r),$$
$$a \qquad .$$

On a alors, en représentant leur somme ou le capital constitué par A,

$$A = a\,(1+r)^{n-1} + a\,(1+r)^{n-2} + a\,(1+r)^{n-3} + \ldots a\,(1+r)^2 + a\,(1+r) + a$$

ou, en mettant a en facteur commun,

$$A = a\,[(1+r)^{n-1} + (1+r)^{n-2} + (1+r)^{n-3} + \ldots (1+r)^2 + (1+r) + 1]$$

ou

$$A = a\left[1 + (1+r) + (1+r)^2 + \ldots (1+r)^{n-3} + (1+r)^{n-2} + (1+r)^{n-1}\right]$$

Comme précédemment les termes entre crochets forment une progression géométrique dans laquelle $a = 1$, $l = (1+r)^{n-1}$ et $q = 1 + r$; la somme de ces termes est

$$\frac{(1+r)^{n-1}(1+r) - 1}{1+r-1} = \frac{(1+r)^n - 1}{r}.$$

En remplaçant les termes entre crochets par leur somme, on obtient enfin

$$[2] \qquad\qquad A = a\left[\frac{(1+r)^n - 1}{r}\right];$$

formule qui indique les calculs à effectuer pour résoudre toutes les questions de ce genre.

438. **Application.** *Un père de famille veut constituer une dot à sa fille qui vient de naître, en donnant à la fin de chaque année 830 fr. Quelle sera cette dot lorsque sa fille aura 20 ans accomplis, si la première annuité est donnée à la fin de la première année de la naissance et si l'on calcule les intérêts au taux de 4, 5 %?*

On suppose bien entendu que les probabilités de vie ou de mort n'influent en rien sur le résultat.

Cette question est analogue à la précédente et on arrivera à sa solution numérique en faisant dans la formule précédente

$$a = 830,\ n = 20,\ r = 0,045\,;$$

on obtient

$$A = 830 \times \frac{\overline{1,045}^{20} - 1}{0,045}.$$

Calcul.

$$\log. 830 = 2,91908$$
$$\log. (\overline{1,045}^{20} - 1) = 0,14986$$
$$\overline{3,06894}$$
$$\log. 0,045 = \overline{2},65321$$
$$\text{Différence ou } \log. A = \overline{4,41573}$$
$$A = 26045 \text{ fr.}$$

439. Problème III. *Quelle est l'annuité qu'il faut donner au commencement de chaque année pour créer au bout de 12 ans un capital de* 28320 *fr., le taux étant* 4 %?

De la première formule,

$$A = a \frac{(1 + r)\,[(1 + r)^n - 1]}{r},$$

il est facile de tirer la valeur de l'inconnue a en fonction des autres quantités connues A, n et r. Il suffit pour cela de multiplier les deux membres par r et de les diviser ensuite par le facteur de a, ce qui donne

$$Ar = a\,(1 + r)\,[(1 + r)^n - 1],$$

$$[3] \qquad a = \frac{Ar}{(1 + r)\,[(1 + r)^n - 1]}.$$

Si donc, l'on fait $A = 28320$ fr., $n = 12$ et $r = 0,04$, on aura

$$a = \frac{28320 \times 0,04}{1,04\,(\overline{1,04}^{12} - 1)},$$

ou

$$\log. a = \log. 28320 + \log. 0,04 - \log. 1,04 - \log. (\overline{1,04}^{12} - 1).$$

Calcul.

$$\log. 28320 = 4,45209$$
$$\log. 0,04 = \overline{2},60206$$
$$(1) \quad 3,05415,$$
$$\log. 1,04 = 0,01703$$
$$\log. (\overline{1,04^{12} - 1}) = \overline{1},77880$$
$$(2) \quad \overline{1},79583$$
$$\text{Différence } (1) - (2) \text{ ou } \log. a = \quad 3,25832$$
$$a = 1812 \text{ fr. } 7.$$

440. Si les annuités devaient être payées à la fin de chaque année, on tirerait la valeur de a de la formule [2] n° 437, et on aurait

$$[4] \qquad a = \frac{Ar}{(1 + r)^n - 1}.$$

441 Problème IV. *Pendant combien d'années doit-on donner une annuité de 520 fr. pour se constituer un capital de 16000 francs? On calculera les intérêts au taux de 5 %.*

Comme précédemment on distinguera si les annuités sont données au commencement ou à la fin de chaque année.

Supposons qu'elles soient données au commencement.

On tirera alors la valeur de l'inconnue n de la formule du n° 433

$$A = a \frac{(1 + r)\left[(1 + r)^n - 1\right]}{r}.$$

on obtient successivement :

$$Ar = a (1 + r)\left[(1 + r)^n - 1\right]$$

$$\frac{Ar}{a\,(1+r)} = (1+r)^n - 1,$$

$$(1+r)^n = \frac{Ar}{a\,(1+r)} + 1,$$

ou

$$n \log. (1+r) = \log. \left(\frac{Ar}{a\,(1+r)} + 1\right),$$

d'où

[5]
$$n = \frac{\log. \left(\dfrac{Ar}{a\,(1+r)} + 1\right)}{\log. (1+r)}.$$

En introduisant les données du problème dans cette formule, il vient

$$n = \frac{\log. \left(\dfrac{16000 \times 0{,}05}{520 \times 1{,}05} + 1\right)}{\log. 1{,}05},$$

et en effectuant

$$n = \frac{\log. 2{,}4652}{\log. 1{,}05} = \frac{0{,}39185}{0{,}02119} = 18 \text{ ans} + \text{une fraction.}$$

442. Mais ces problèmes n'admettent pas en général de fraction d'année, il faut donc modifier les données pour qu'on ait un nombre entier d'années. Si nous voulons toujours avoir le même capital, nous chercherons l'annuité qu'on doit donner pour se le procurer au bout de 18 ans, annuité qui sera un peu plus grande que 520, et si nous voulons conserver cette annuité 520, nous chercherons quel est le capital qu'on peut former avec elle au bout de 18 ans, capital un peu inférieur au précédent.

On aurait pris 19 ans au lieu de 18 si la fraction d'année eût été plus grande que $\dfrac{1}{2}$.

443. Si on convient de donner les annuités à la fin de

chaque année, on tirera l'inconnue n de la seconde formule trouvée au n° 437.

$$A = a\left[\frac{(1 + r)^n - 1}{r}\right],$$

de laquelle on tire successivement :

$$Ar = a\left[(1 + r)^n - 1\right],$$

$$\frac{Ar}{a} = (1 + r)^n - 1,$$

$$n\,\log.\,(1 + r) = \log.\,\left(\frac{Ar}{a} + 1\right),$$

d'où
$$n = \frac{\log.\,\left(\dfrac{Ar}{a} + 1\right)}{\log.\,(1 + r)}.$$

De même que précédemment, si on trouvait pour n un nombre entier d'années plus une fraction, on modifierait le capital ou l'annuité pour que le temps soit un nombre entier d'années.

444. Quant à r, on ne peut le déterminer que par la méthode des approximations successives. Ce problème d'ailleurs n'offre pas d'intérêt, le taux étant toujours donné d'avance.

445. En résumé dans les questions d'annuité, le résultat est différent suivant que les annuités sont données au commencement ou à la fin de chaque année, et pour ces deux cas on a trouvé les formules :

<table>
<tr><td>Cas où les annuités
sont données au commencement
de l'année.</td><td>Cas où les annuités
sont données à la fin de
l'année.</td></tr>
</table>

FORMULES DU CAPITAL :

$$A = a\,\frac{(1+r)\,[(1+r)^n - 1]}{r} \qquad A = a\,\frac{(1+r)^n - 1}{r}$$

desquelles on tire :

FORMULES DE L'ANNUITÉ :

$$a = \frac{Ar}{(1+r)\,[(1+r)^n - 1]} \qquad a = \frac{Ar}{(1+r)^n - 1}$$

FORMULES DU TEMPS :

$$n = \frac{\log.\left(\dfrac{Ar}{a\,(1+r)} + 1\right)}{\log.\,(1+r)} \qquad n = \frac{\log.\left(\dfrac{Ar}{a} + 1\right)}{\log.\,(1+r)}$$

Tables d'annuités.

446. Si dans les deux formules du capital, on remplace a par 1, n successivement par 1, 2, 3, 4, 5, ... 50 ; par exemple et r par 0,05, on aura, en résolvant ces formules, les capitaux formés par une annuité de 1 fr. au taux de 5 °/₀ au bout de 1, 2, 3, 4, 5, ... 50 ans. Si on répète les mêmes calculs pour les taux 3 °/₀, 4 °/₀, 4, 5 °/₀, 6 °/₀, on aura deux tables d'annuités : la première qui contiendra les sommes produites par une annuité de 1 fr. donnée au commencement de chaque année, l'autre les sommes produites par cette même annuité donnée à la fin de chaque année et pour les différents taux précédents.

Ces tables sont d'un usage très-fréquent et rendent

ALGÈBRE.

Tables d'annuités.

Taux 5 %

Nombre d'années	Capital constitué par une annuité de 1 fr. donnée au commencement de chaque année.				
6	7,1420	21	37,5052	36	100,6281
7	8,5491	22	40,4305	37	106,7095
8	10,0266	23	43,5020	38	113,0950
9	11,5779	24	46,7271	39	119,7998
10	13,2068	25	50,1135	40	126,8398
11	14,3171	26	53,6691	41	134,2318
12	16,7130	27	57,4026	42	141,9333
13	18,5986	28	61,3227	43	150,1430
14	20,5786	29	65,4388	44	158,7002
15	22,6575	30	69,7608	45	167,6852
16	24,8404	31	74,2988	46	177,1194
17	27,1324	32	79,0638	47	187,0254
18	29,5390	33	84,0670	48	197,4267
19	32,0660	34	89,3203	49	208,3480
20	34,7193	35	94,8363	50	219,8154

Nombre d'années	Capital constitué par une annuité de 1 fr. donnée à la fin de chaque année.				
6	6,8019	21	35,7193	36	95,8363
7	8,1420	22	38,5052	37	101,6281
8	9,5491	23	41,4305	38	107,7095
9	11,0266	24	44,5020	39	114,0950
10	12,5779	25	47,7271	40	120,7998
11	14,2068	26	51,1135	41	127,8398
12	15,9171	27	54,6691	42	135,2318
13	17,7130	28	58,4026	43	142,9933
14	19,5986	29	62,3227	44	151,1430
15	21,5786	30	66,4388	45	158,7002
16	23,6575	31	70,7608	46	168,6852
17	25,8404	32	75,2988	47	178,1194
18	28,1324	33	80,0638	48	188,0254
19	30,5390	34	85,0670	49	198,4267
20	33,0660	35	90,3203	50	209,3480

beaucoup de services aux personnes qui ont souvent à faire des calculs d'annuités.

Leur emploi, pour tous les problèmes qui peuvent se présenter, est des plus faciles. Veut-on, par exemple, connaître le capital qui serait produit par une annuité de 830 fr. donnée au commencement de chaque année et au taux de 5 °/₀? il suffira de chercher dans la table le nombre qui correspond à 20 années et on trouve 34,7193. Ce nombre étant le capital produit par 1 fr. d'annuité au taux 5 et au bout de 20 ans, on aura évidemment un capital 830 fois plus fort pour une annuité de 830 fr.

Pour le problème inverse, on chercherait le capital produit par 1 fr. au taux donné et au bout du temps convenu et on diviserait le capital qu'on veut créer par celui de 1 fr., le quotient exprimerait l'annuité demandée.

AMORTISSEMENT.

447. On peut se libérer d'une dette portant intérêts par 3 moyens : le premier consiste à payer chaque année les intérêts et à rembourser le capital à une époque convenue; le deuxième consiste à payer en une seule fois et au bout d'un temps déterminé capital et intérêts; enfin, le troisième consiste à donner chaque année une annuité plus forte que les intérêts qui diminue petit à petit la dette et qui finit par l'éteindre.

Le premier de ces moyens est peu avantageux, puisqu'il ne diminue pas la dette et qu'au bout de 20 ans, si le taux est 5 °/₀, la somme des intérêts donnés lui est égale; le second est ruineux, puisqu'au bout de 14 ans 2 mois 15 jours, la dette est doublée; le troisième est beaucoup plus sage, puisqu'il fait peser le remboursement sur toutes les années du prêt.

448. L'amortissement n'est autre chose que cette troisième combinaison qui consiste, ai-je dit, à éteindre une dette ou à l'amortir par des annuités.

L'annuité se donne généralement à la fin de chaque année.

449. On peut avoir à résoudre 3 problèmes principaux qui ont pour but :

1° De déterminer l'annuité qu'il faut donner pour éteindre une dette au bout d'un temps convenu ;

2° De déterminer la somme qu'on peut éteindre avec une annuité connue et au bout d'un temps donné ;

3° Enfin de chercher le nombre d'années nécessaires pour amortir avec une annuité donnée un capital également donné.

Le problème du taux se résout difficilement.

Résolvons ces trois principaux problèmes :

450. Problème I. *Une commune emprunte 52000 francs qu'elle se propose de rembourser en 20 ans et par annuités. Quel sera le montant de la somme à donner chaque année, si on calcule les intérêts au taux de 4, 5 %?*

Pour que cette dette soit éteinte, il faut évidemment que sa valeur au bout des 20 ans soit égale à la somme des valeurs prises par les annuités données pendant ces 20 ans. D'un côté, à ce moment la commune devra au prêteur 52000 fr. plus ses intérêts composés, de l'autre côté, le prêteur devra la somme des valeurs prises par les différentes annuités, si ces deux sommes sont égales, la dette sera amortie.

Or, 52000 fr. deviennent au bout de 20 ans

$$52000 \times \overline{1,045}^{20},$$

et le capital formé par l'annuité a qu'on cherche, est (437)

$$A = a \left(\frac{\overline{1,045}^{20} - 1}{0,045} \right);$$

nous aurons donc l'équation

$$52000 \times \overline{1,045}^{20} = a \left(\frac{\overline{1,045}^{20} - 1}{0,045} \right),$$

d'où il est facile de tirer

$$a = \frac{52000 \times \overline{1,045}^{20} \times 0,045}{\overline{1,045}^{20} - 1}.$$

En effectuant par l'emploi des logarithmes, on trouve

$$a = 3997 \text{ francs.}$$

450. GÉNÉRALISATION. Représentons le capital à amortir par A, l'annuité par a, le temps par n et l'intérêt de 1 franc par r, nous aurons l'équation générale de l'amortissement

$$A(1+r)^n = a \left(\frac{(1+r)^n - 1}{r} \right).$$

De cette équation on tire :

1° En faisant disparaître r et en divisant ensuite ses deux membres par $(1+r)^n - 1$

$$[1] \qquad a = \frac{A(1+r)^n r}{(1+r)^n - 1},$$

qui est la formule de l'annuité ;

2° En divisant ses deux membres par $(1+r)^n$

$$[2] \qquad A = a \frac{((1+r)^n - 1)}{(1+r)^n r},$$

formule du capital qui permet de résoudre le second problème ;

3° Enfin, en effectuant la multiplication indiquée dans
le second membre, on a

$$A (1 + r)^n = \frac{a (1 + r)^n - a}{r},$$

ou $\qquad A (1 + r)^n r = a (1 + r)^n - a,$

ou $\qquad A (1 + r)^n r - a (1 + r)^n = - a,$

et, en mettant $(1 + r)^n$ en facteur commun,

$$(1 + r)^n (Ar - a) = - a,$$

enfin $\qquad (1 + r)^n = \frac{- a}{Ar - a},$

$$(1 + r)^n = \frac{a}{a - Ar},$$

en changeant les signes du second membre ;
ou, en employant les logarithmes,

$$n \log. (1 + r) = \log. \left(\frac{a}{a - Ar} \right),$$

d'où l'on tire enfin

[3] $\qquad n = \dfrac{\log. \left(\dfrac{a}{a - Ar} \right)}{\log. (1 + r)}.$

Telle est la formule du nombre d'années.

APPLICATIONS :

452. PROBLÈME II. *Quelle dette peut-on amortir en donnant
chaque année et pendant 10 ans une annuité de 4500 francs ; le
taux étant 4 °/₀ ?*

En introduisant ces données dans la formule [2] du capital,
on obtient :

$$A = \frac{4500 \, (\overline{1,04}^{10} - 1)}{\overline{1,04}^{10} \times 0,04},$$

et en effectuant les calculs

$$C = 36490 \text{ francs.}$$

452. **Problème III.** *Une ville emprunte un capital de 120000 francs et elle peut donner 13400 francs par an. Dans combien de temps sera-t-elle libérée? On calcule à 5, 4 %.*

La formule [3] donne

$$n = \frac{\log. \dfrac{13400}{13400 - 120000 \times 0,054}}{\log. 1,054},$$

d'où
$$n = 12 \text{ ans } \frac{56}{100}.$$

Ce problème, comme celui du n° 441, n'admet pas de fraction d'année, nous modifierons alors son énoncé en prenant 13 ans pour l'amortissement et en cherchant quelle est l'annuité qui peut éteindre 120000 francs en 13 ans. On trouvera, par l'emploi de la formule

$$a = \frac{C (1 + r)^n r}{(1 + r)^n - 1},$$
$$a = 13084 \text{ fr.}$$

TABLES D'AMORTISSEMENT.

453. De même que pour les annuités, on a construit des tables qui donnent :

1° L'annuité à payer pour amortir un capital de 1 franc pour les principaux taux et pour des temps inférieurs à 60 ans;

2° La somme qu'on peut amortir avec une annuité de 1 fr., aux taux ordinaires et pour des temps inférieurs à 60 ans.

Ces tables, comme on le conçoit aisément, simplifient

13

Tables d'amortissement.

Taux 5 %

Nombre d'années	Annuités à payer à la fin de chaque année pour amortir une dette de 1 fr.				
6	0,1970	21	0,0780	36	0,0604
7	0,1728	22	0,0760	37	0,0598
8	0,1547	23	0,0741	38	0,0593
9	0,1407	24	0,0725	39	0,0588
10	0,1295	25	0,0710	40	0,0583
11	0,1204	26	0,0696	41	0,0578
12	0,1128	27	0,0683	42	0,0574
13	0,1065	28	0,0671	43	0,0570
14	0,1010	29	0,0660	44	0,0566
15	0,0963	30	0,0650	45	0,0563
16	0,0923	31	0,0641	46	0,0559
17	0,0887	32	0,0633	47	0,0556
18	0,0855	33	0,0625	48	0,0553
19	0,0827	34	0,0618	49	0,0550
20	0,0802	35	0,0611	50	0,0548

Nombre d'années	Dette qu'on peut amortir avec une annuité de 1 fr. donnée à la fin de chaque année.				
6	5,0757	21	12,8212	36	16,5469
7	5,7864	22	13,1630	37	16,7113
8	6,4632	23	13,4886	38	16,8679
9	7,1078	24	13,7986	39	17,0170
10	7,7217	25	14,0939	40	17,1591
11	8,3064	26	14,3752	41	17,2944
12	8,8633	27	14,6430	42	17,4232
13	9,3936	28	14,8981	43	17,5459
14	9,8986	29	15,1411	44	17,6628
15	10,3797	30	15,3725	45	17,7741
16	10,8378	31	15,5928	46	17,8801
17	11,2741	32	15,8027	47	17,9810
18	11,6896	33	16,0025	48	18,0772
19	12,0853	34	16,1929	49	18,1687
20	12,4622	35	16,3742	50	18,2559

considérablement les calculs des problèmes d'amortissement.

454. Quelquefois les annuités sont données par moitié tous les six mois et les intérêts sont capitalisés tous les six mois.

Dans ce cas, on obtient pour les valeurs des moitiés d'annuité au bout du temps n,

$$\frac{a}{2}\left(1+\frac{r}{2}\right)^{2n-1},$$

$$\frac{a}{2}\left(1+\frac{r}{2}\right)^{2n-2},$$

$$\frac{a}{2}\left(1+\frac{r}{2}\right)^{2n-3},$$

$$\cdots\cdots\cdots\cdots$$

$$\frac{a}{2}\left(1+\frac{r}{2}\right),$$

$$\frac{a}{2};$$

et on a

$$A=\frac{a}{2}\left[1+1+\frac{r}{2}+\left(1+\frac{r}{2}\right)^2+\cdots\left(1+\frac{r}{2}\right)^{2n-3}+\left(1+\frac{r}{2}\right)^{2n-2}+\left(1+\frac{r}{2}\right)^{2n-1}\right]$$

$$A=\frac{a}{2}\left\{\frac{\left(1+\frac{r}{2}\right)^{2n}-1}{\frac{r}{2}}\right\},$$

[1] ou

$$A=a\left\{\frac{\left(1+\frac{r}{2}\right)^{2n}-1}{r}\right\}.$$

Si ces annuités étaient données pour éteindre une dette, on aurait

$$C\left(1+\frac{r}{2}\right)^{2n} = \frac{a}{2}\left\{\frac{\left(1+\frac{r}{2}\right)^{2n}-1}{\frac{r}{2}}\right\},$$

[2] ou $\qquad C\left(1+\frac{r}{2}\right)^{2n} = a\left\{\frac{\left(1+\frac{r}{2}\right)^{2n}-1}{r}\right\}.$

455. **Problème.** *Un père de famille donne 10 francs tous les 6 mois et depuis l'âge de 25 ans pour augmenter ce qu'il doit laisser à ses enfants à sa mort ; il meurt à l'âge de 85 ans et laisse deux enfants ; combien chacun recevra-t-il du capital constitué par cette moitié d'annuité de 10 francs ? On calculera les intérêts à 5 %.*

En introduisant ces données dans la formule [1], on obtient

$$A = 20\left(\frac{(1{,}025)^{120}-1}{0{,}05}\right).$$

En appliquant les logarithmes, on trouve

$$A = 13500 \text{ francs.}$$

Ainsi les 1200 francs donnés par ce père de famille ont pris une valeur de 13500, c'est-à-dire qu'ils ont rapporté 12300 francs.

Formules de l'amortissement.

456. $\qquad$ FORMULE DE L'ANNUITÉ.

$$a = \frac{C\,(1+r)^n\,r}{(1+r)^n - r};$$

FORMULE DU CAPITAL A AMORTIR :

$$C = a \left(\frac{(1 + r)^n - 1}{(1 + r)^n \, r} \right);$$

FORMULE DU TEMPS :

$$n = \frac{\log \cdot \left(\frac{a}{a - Cr} \right)}{\log \cdot (1 + r)}.$$

Il est indispensable de se rappeler l'équation générale de l'amortissement

$$C \, (1 + r)^n = a \left(\frac{(1 + r)^n - 1}{r} \right),$$

de laquelle on tire facilement toutes les formules précédentes.

EXERCICES ET PROBLÈMES.

457. Une somme de 5400 francs est placée à intérêts composés et au taux 4 %. Quelle sera sa valeur à la fin de la douzième année du placement?

458. Un propriétaire a prêté 2500 fr. à 5 %, le débiteur n'ayant payé aucun intérêt, il s'acquitte du tout au bout de 4 ans 9 mois. Combien a-t-il donné?

459. Pendant combien de temps une somme de 5200 fr. a-t-elle été placée, intérêts composés et taux 4, 5 %, sachant qu'elle a pris une valeur de 7450 fr.?

460. Au bout de combien de temps une somme placée à 4 % est-elle doublée, triplée?

461. Une somme de 3830 fr., placée à intérêts composés,

a pris une valeur de 5391 fr. 50 au bout de 7 ans. Quel était le taux du placement?

462. Si à 5 %, les intérêts étaient capitalisés tous les six mois, qu'aurait rapporté cette somme au bout des 7 ans?

463. En plaçant son argent à 5 % et en capitalisant tous les ans, a-t-on plus de bénéfice au bout de 10 ans qu'en le plaçant à 4,80 et en capitalisant tous les 6 mois. Chercher la différence des intérêts pour une somme de 100 fr. ?

464. Une personne achète une propriété à la condition qu'elle ne payera rien avant 8 ans au plus; au bout de 6 ans 4 mois, elle s'acquitte entièrement en donnant 7400 francs. Quel était le prix de la propriété, les intérêts étant calculés à 5 %?

465. Un instituteur prélève chaque année 120 francs sur son traitement qu'il place à intérêts composés pour constituer une dot à sa fille qui vient de naître. Quelle sera cette dot lorsque la jeune fille aura 20 ans accomplis, les annuités étant données au commencement de chaque année et les intérêts étant calculés à 5 %?

466. A 25 ans, un ouvrier ressentant les mauvais effets du tabac sur sa santé et sur sa bourse, prend la ferme résolution de ne plus fumer, ce qui lui procure un bénéfice de 40 fr. par an; il place annuellement cette somme à intérêts composés. Que retirera-t-il à l'âge de 60 ans, s'il persévère dans cette excellente voie? taux 5 %.

467. Une personne veut se procurer 12000 fr. en 9 ans par annuités données au commencement de chaque année. Le taux étant 5 %, quelle doit être l'annuité ?

468. Si cette personne donnait annuellement 150 francs,

combien lui faudrait-il de temps pour se créer le capital qu'elle désire ?

469. Un entrepreneur emprunte un capital de 25000 fr. qu'il veut rembourser en 10 ans par 10 annuités. Quel est le montant de l'annuité ? taux 5 °/₀.

470. Une commune emprunte 15000 fr. pour la construction d'une maison d'école; pour se libérer elle donne chaque année 1200 fr.; au bout de combien de temps sa dette sera-t-elle éteinte, si l'on compte les intérêts à 4, 5 °/₀?

471. Les recettes d'une ville dépassent ses dépenses de 8400 fr. Quel serait le montant d'un emprunt que pourrait contracter cette ville, si la somme empruntée devait être éteinte en 11 ans au moyen des bénéfices annuels ? taux 5 °/₀.

472. Y aurait-il avantage pour cette ville de donner la moitié de 8400 tous les six mois, les intérêts du tout étant capitalisés tous les semestres, et dans ce cas quel serait cet avantage ?

CRÉDIT FONCIER.

473. Quand un propriétaire a besoin d'argent, il s'adresse à un capitaliste qui le lui prête sur la garantie de sa propriété, c'est-à-dire sur *hypothèque*. Les prêts hypothécaires ne se font guère que pour 5 ans au plus, au bout de ce temps, l'emprunteur est obligé de rembourser intégralement s'il veut éviter un renouvellement ou une expropriation.

474. Ce mode d'emprunt présente de grands inconvénients. Au bout de ce temps très-court, il est rare, en effet, que l'emprunteur, s'il est agriculteur surtout, ait pu réaliser des bénéfices suffisants pour l'acquittement de sa

dette; le plus souvent, il est obligé de consentir à des renouvellements onéreux et au bout d'un grand nombre d'années, il arrive trop fréquemment qu'il doit encore le capital intégral, les frais et les intérêts ayant absorbé les économies réalisées.

475. Dans les prêts hypothécaires, le taux est considérablement augmenté par les frais d'acte, les droits fiscaux et se trouve quelquefois porté à 8, 9, 10 %. Ces taux fabuleux n'ont lieu, il est vrai, que pour les petites sommes; mais ces prêts sont considérables : ainsi en 1841, seule année pour laquelle le gouvernement ait fait faire le relevé des prêts hypothécaires, il s'en est fait 329 576 dont la moyenne se réduit à 329 fr. 58, sur ce nombre 155 220 donnent une moyenne de 236 fr. Ce taux ne descend guère au-dessous de 6 %.

476. Le Crédit foncier de France a pour but de faire disparaître les vices du prêt hypothécaire d'individu à individu. Cette institution date de 1852, elle est placée comme la banque de France sous le contrôle de l'État. D'après ses statuts, le Crédit foncier doit prêter 300 fr. au moins et 1 000 000 au plus au même individu, pour 10 ans au moins et pour 50 à 60 au plus. Le remboursement de la somme empruntée se fait par annuités. Les annuités qu'on paye par moitié tous les six mois comprennent encore 0 fr. 60 % pour les frais qui se trouvent ainsi répartis sur toute la durée du prêt. Si la durée du prêt est très-longue, le taux comprenant l'annuité et les frais est peu élevé, pour 50 ans il est de 6,06 %. Ainsi, non-seulement ce taux n'est pas supérieur, dans la plupart des cas, à celui du prêt hypothécaire d'individu à individu, mais l'emprunteur n'a plus le

souci des renouvellements, n'a pas à craindre d'expropriation en payant régulièrement les intérêts et a la satisfaction bien grande de voir diminuer sa dette chaque année. D'ailleurs, rien ne l'empêche de rembourser, quand il le peut et quand bon lui semble, la totalité ou une partie de ce qui lui reste de sa dette.

477. Le Crédit foncier prête sur première hypothèque, cependant il peut prêter aussi sur une propriété grevée à la condition que la somme prêtée serve à payer la dette existante.

La somme prêtée par le Crédit foncier ne peut excéder la moitié de la valeur de la propriété, même le tiers pour les vignes et les bois.

478. Le Crédit foncier se procure des capitaux en émettant des obligations ou *lettres de gage*. Ces obligations sont de deux sortes, les unes de 500 fr. sans lots rapportant 5 %, les autres de 1000 fr. avec lots, divisées en coupures de 500 fr. rapportant 4 %. Les lots attachés à ces dernières varient de 5000 à 100 000. fr.

Quand un créancier du Crédit foncier veut rentrer dans ses fonds, il vend ses lettres de gage qui sont l'objet d'une transaction assez suivie à la Bourse.

479. Le Crédit foncier se réserve le droit de faire ses prêts en numéraire ou en obligations; dans ce dernier cas, l'emprunteur prend les titres au pair et les fait vendre à la Bourse par l'intermédiaire d'agent, moyennant 1/8 % de commission. A son tour, l'emprunteur peut se libérer en numéraire ou en obligations qu'on est obligé de prendre au pair.

480. Comme on le voit, cette institution sert d'intermédiaire entre le capitaliste et l'emprunteur. Elle rend des services incontestables à ce dernier; elle en rend aussi au capitaliste, celui-ci en effet n'a pas à s'inquiéter du preneur et de sa solvabilité, quoi qu'il arrive il n'a à faire qu'à l'agent intermédiaire qui lui paye très-régulièrement ses intérêts; de plus, il peut retirer son argent quand bon lui semble en vendant ses lettres de gage.

481. La loi du 6 juillet 1860 autorise le Crédit foncier à prêter aux communes, aux départements et aux associations syndicales.

Ces prêts sont faits pour 5 ans au moins et pour 60 au plus. Le taux de l'intérêt variable, est en ce moment fixé à 6 °/₀, plus 0 fr. 30 pour frais d'administration.

482. Le Crédit foncier remplit-il bien le but pour lequel il a été institué? si l'on consulte le dernier compte rendu de cette société, on trouve que depuis 1853 jusqu'à 1872, il a consenti à 20 424 prêts pour une valeur de 1 149 260 127 fr. 72 cent., valeur moyenne d'un prêt 56 270 fr.

Sur ce nombre de prêts, 7 256 portent sur des sommes inférieures à 10 000 fr. et la moyenne est de 5 303 fr.; enfin, sur ces 20 424 prêts, il en existe 15 429 sur les propriétés urbaines, et 4 604 seulement sur les propriétés rurales; la valeur moyenne d'un de ces prêts est de 45000 fr.

483. Si l'on considère que le nombre des prêts hypothécaires d'individu à individu et portant sur de petites sommes est considérable, et si l'on considère aussi le petit nombre des prêts consentis par le Crédit foncier et portant sur de petites sommes, on doit craindre que les petits propriétaires aient un accès difficile aux services de cette société. Si l'on

considère enfin les grands avantages des prêts à longs termes et à remboursement par annuités, on doit faire des vœux pour que les petits propriétaires ruraux puissent jouir facilement de ces avantages en empruntant au Crédit foncier.

484. Après ces notions générales, nous allons considérer les principales questions qui peuvent se présenter.

Ces questions, il est inutile de le dire, ne sont autre que des questions d'amortissement, et, pour les résoudre, on n'aura qu'à appliquer les formules déjà trouvées.

485. Dans la pratique, pour plus de facilité, on a construit une table qui donne l'annuité nécessaire pour amortir une dette de 100 francs pour un nombre d'années quelconque compris entre 10 et 60 ans.

486. Les annuités étant données par moitié tous les six mois, on construira cette table en introduisant dans la formule

$$C\left(1+\frac{r}{2}\right)^{2n} = a\left\{\frac{\left(1+\frac{r}{2}\right)^{2n}-1}{r}\right\},$$

trouvée au n° (454), 100 et 0,05 à la place de C et de r et 10, 11, 12, 13.......60 successivement à la place de n.

A chacun des résultats, on ajoutera 0 fr. 60 pour frais d'administration.

487. Problème I. *Un particulier veut emprunter 6500 fr. au crédit foncier pour 35 ans ; quelle annuité devra-t-il donner ?*

D'après la table, pour éteindre une dette de 100 fr. au bout de 35 ans, il faut 6 fr. 6794, pour éteindre 6500 fr., il faudra

$$\frac{6,6794\times 6500}{100}=434,16;$$

soit 217 fr. 08 tous les six mois.

TABLE DONNANT L'ANNUITÉ NÉCESSAIRE POUR L'AMORTISSEMENT D'UNE DETTE DE 100 FRANCS EMPRUNTÉS AU CRÉDIT FONCIER; TAUX 5 %.

Nombre d'années	Annuités	Nombre d'années	Annuités	Nombre d'années	Annuités
10	13,4294	27	7,3912	44	6,2423
11	12,5294	28	7,2745	45	6,2076
12	11,7825	29	7,1685	46	6,1750
13	11,1538	30	7,0707	47	6,1443
14	10,6176	31	6,9802	48	6,1153
15	10,1560	32	6,8965	49	6,0882
16	9,7613	33	6,8188	50	6,0624
17	9,4013	34	6,7466	51	6,0381
18	9,0903	35	6,6794	52	6,0152
19	8,8159	36	6,6168	53	5,9937
20	8,5672	37	6,5584	54	5,9733
21	8,3457	38	6,5039	55	5,9540
22	8,1460	39	6,4529	56	5,9358
23	7,9653	40	6,4052	57	5,9186
24	7,8012	41	6,3605	58	5,9023
25	7,6516	42	6,3186	59	5,8869
26	7,5149	43	6,3793	60	5,8724

488. PROBLÈME II. *Un propriétaire paye chaque année 728 fr. au Crédit foncier ; qu'a-t-il emprunté, si l'emprunt s'est fait pour 42 ans ?*

La table donne une annuité 6 fr. 3186 pour amortir 100 fr. en 42 ans, donc autant de fois ce nombre sera contenu dans 728, autant de fois 100 fr. sera composé le capital emprunté.

489. PROBLÈME III. *Un cultivateur désire emprunter 6000 fr. au Crédit foncier et ne peut disposer que 410 fr. au plus*

*par an pour le remboursement. Pour combien d'années devra
se faire l'emprunt ?*

Je cherche l'annuité qui doit amortir 100 fr. dans ces
conditions : 6000 fr. devant être amortis par 410, 100 fr.
seront amortis par

$$\frac{410 \times 100}{6000} = 6 \text{ fr. } 833\ldots$$

Je cherche maintenant dans la table à quel nombre
d'années correspond 6 fr. 833.....; c'est-à-dire combien il
faut de temps à cette somme pour amortir 100 fr.; 6,833
étant compris entre 6,8965 et 6,8188 qui correspondent à
32 ans et à 33 ans, il faudra prendre 33 ans pour le temps
de l'amortissement. Mais pour amortir 100 fr. dans 33 ans,
il faut 6,8188, l'annuité à donner par ce cultivateur sera
donc un peu inférieure à 410 fr.; on trouvera cette annuité
comme au n° 487.

490. J'ai déjà dit que l'emprunteur pouvait se libérer
par anticipation, soit entièrement, soit partiellement :

491. Problème IV. *Un particulier a emprunté 10 000 fr.
pendant 30 ans; après avoir payé 12 annuités, un héritage lui
permet de se libérer entièrement. Que doit-il donner ?*

D'après la table, pour amortir 100 fr. en 30 ans, il faut
donner 7 fr. 0707; mais dans ces 7,0707 il y a 5 fr. pour
les intérêts et 0 fr. 60 pour frais d'administration, en sorte
que la somme destinée à l'amortissement des 100 fr. est de
7,0707 — 5,60 = 1,4707; pour amortir une somme 100 fois
plus grande ou 10 000 fr., il faudra évidemment 147 fr. 07.
Ainsi ce particulier, en dehors des frais et des intérêts,
donne 147,07 pour l'amortissement de sa dette. La partie

amortie par cette annuité pendant les 12 ans qu'on l'a donnée se trouvera en appliquant la formule

$$A = \frac{a\left[\left(1+\frac{r}{2}\right)^{2n}-1\right]}{r},$$

dans laquelle il faut remplacer a, r et n par 147.07, 0,05 et 12. On obtient

$$A = 2378.$$

Il reste donc à payer

$$10\,000 - 2\,378 = 7\,622 \text{ fr.}$$

A cette somme il faut encore ajouter $\frac{1}{2}$ °/₀ pour frais d'administration.

492. Si au bout d'un certain temps, on se libérait partiellement, l'annuité pour le reste de la dette serait réduite en conséquence. On la déterminerait en cherchant ce qui reste à payer pour se libérer complètement au moment de l'opération comme dans le problème précédent, on retrancherait la somme qu'on donne, au reste on ajouterait $\frac{1}{2}$ °/₀ pour frais d'administration, et on chercherait l'annuité nécessaire pour amortir ce qui reste à payer.

493. Les conditions ne sont plus les mêmes pour les prêts aux communes et aux départements, le taux est 6 °/₀ au lieu de 5 °/₀ et les frais d'administration ne sont que de 0,30 °/₀. On construit également une table qui donne l'annuité nécessaire pour amortir 100 fr. à ces conditions et pendant des temps compris entre 10 et 60 ans.

Les questions à résoudre sont les mêmes.

EXERCICES ET PROBLÈMES.

494. Un propriétaire vient d'emprunter une certaine somme au Crédit foncier, il doit se libérer en 45 ans en donnant 320 fr. tous les 6 mois. Quel est le montant de son emprunt?

495. Le Crédit foncier le paye en lettres de gages de 500 fr. au cours de 487 fr. Combien recevra-t-il, s'il les vend à ce cours ?

496. Un particulier a besoin de 6000 fr. et désire emprunter cette somme au Crédit foncier pour 35 ans. Les lettres de gages de 500 fr. sont au cours de 490 fr. Que doit-il emprunter pour se procurer net 6000 fr. et quelle annuité donnera-t-il?

497. Un emprunt de 15000 fr. a été contracté au Crédit foncier, l'emprunteur veut se libérer au bout de 20 ans. Que doit-il donner ?

498. Un fermier, pour donner plus d'extension à sa culture, a emprunté 21000 pour 55 ans; au bout de 15 ans, il peut disposer de 8400 fr. et profite du cours peu élevé des obligations foncières pour faire un remboursement partiel. Avec cette somme, il achète des lettres de gage 500 fr. au cours de 465 fr. qu'il donne en payement. A combien sera réduite son annuité ?

CHAPITRE VIII

ASSURANCES SUR LA VIE

PROBABILITÉS MATHÉMATIQUES.

499. On dit qu'un événement est *probable*, quand les *chances* favorables à cet événement l'emportent sur les chances défavorables, et on appelle PROBABILITÉ MATHÉMATHIQUE *d'un événement, le rapport entre les chances favorables à cet événement et le total des chances favorables et défavorables.*

500. Supposons qu'il y ait 32 numéros dans un sac, si l'on veut en tirer un désigné d'avance, on aura évidemment une chance de le tirer contre 31, puisqu'on peut aussi bien tirer chacun des 31 autres, la probalité de tirer le numéro désigné est donc de $\frac{1}{32}$.

Supposons encore qu'il y ait 10 boules noires et 20 blanches dans un sac; si l'on veut tirer une boule blanche on aura 20 chances pour et 10 contre, c'est-à-dire 20 chances sur 30, la probabilité de tirer la boule blanche est alors $\frac{20}{30}$.

TABLES DE MORTALITÉ.

501. Ces tables indiquent combien, sur un grand nombre

d'enfants nés le même jour, il y a de survivants à chaque âge jusqu'à extinction.

502. Les principales tables de mortalité, publiées en France, sont celles de Deparcieux et de Duvillard. La première, modifiée d'après les stastistiques récentes, est la plus employée, elle indique le nombre des survivants pour chaque âge sur 1286 enfants que l'on suppose nés le même

Table de mortalité d'après Deparcieux complétée pour les premières années.

Ages	Vivants	Ages	Vivants	Ages	Vivants	Ages	Vivants
0	1286	24	782	48	599	72	271
1	1071	25	774	49	590	73	251
2	1006	26	766	50	581	74	231
3	970	27	758	51	571	75	211
4	947	28	750	52	560	76	192
5	930	29	742	53	549	77	173
6	917	30	734	54	538	78	154
7	906	31	726	55	526	79	136
8	896	32	718	56	514	80	118
9	887	33	710	57	502	81	101
10	879	34	702	58	489	82	85
11	872	35	694	59	476	83	71
12	866	36	686	60	463	84	59
13	860	37	678	61	450	85	48
14	854	38	671	62	437	86	38
15	848	39	664	63	423	87	29
16	842	40	657	64	409	88	22
17	835	41	650	65	395	89	16
18	828	42	643	66	380	90	11
19	821	43	636	67	364	91	7
20	814	44	629	68	347	92	4
21	806	45	622	69	329	93	2
22	798	46	615	70	310	94	1
23	790	47	607	71	291	95	0

jour. Celle de Duvillard publiée plus tard, en 1806, donne une mortalité trop rapide pour l'état actuel. Cependant, et pour cette raison, elle est encore employée par les compagnies d'assurances, concurremment avec celle de Deparcieux.

Une autre table, celle de Demonferrand, est plus récente; elle a été faite d'après les stastistiques officielles de la population de 1817 à 1832. Les indications qu'elle fournit présentent des différences sensibles avec celles des précédentes; néanmoins, elle est peu employée, quoique ses indications correspondent à l'époque la plus rapprochée.

503. VIE PROBABLE. La vie probable d'une personne à un âge donné *est le nombre d'années qu'elle doit espérer vivre encore, d'après la loi de la mortalité.*

Une personne à 20 ans doit espérer vivre jusqu'à 64. A 20 ans, en effet, le nombre des survivants, d'après Deparcieux, est de 814 et à 64, il est de 409 ou sensiblement la moitié; à cet âge, cette personne a donc autant de chances de se trouver parmi les vivants que parmi les morts.

504. Cet exemple suffit pour montrer qu'on obtient la vie probable d'une personne, à un âge donné, en prenant la moitié du nombre des survivants à cet âge, en cherchant le nombre d'années qui correspond à cette moitié et en ôtant l'âge de cette personne de celui qu'elle doit espérer atteindre.

505. PROBABILITÉ D'ATTEINDRE UN AGE DONNÉ. *Une personne a 20 ans; qu'elle probabilité a-t-elle d'atteindre l'âge de 70 ans?*

A 20 ans, le nombre des survivants est de 814 et à 70 il n'est plus que de 310, donc cette personne, à 70 ans, n'a plus que 310 chances sur 814 d'être de ce monde. La probabilité d'atteindre 70 ans est alors $\frac{310}{814}$.

A 88 ans, un jeune homme de 15 ans a 22 chances sur 848; sa probabilité de vie à cet âge est donc de $\frac{22}{848}$.

506. PROBABILITÉ QU'ONT DEUX PERSONNES D'AGES DONNÉS DE VIVRE A UN AGE DONNÉ. *Deux époux ont, l'un 32 ans, l'autre 25 ; quelle probabilité ont-ils de vivre dans 30 ans ?*

A ce moment les deux époux ont, l'un 62 ans, l'autre 55 ; d'après la loi de la mortalité, le premier a $\frac{437}{718}$ d'atteindre 62 ans, et l'autre $\frac{526}{774}$ d'atteindre 55 ans. Or, le calcul des probabilités démontre que *la probabilité de deux événements de même nature, mais distincts, arrivant en même temps, est égale au produit des probabilités de ces deux événements ;* la probabilité demandée est donc

$$\frac{526}{774} \times \frac{437}{718} = \frac{229862}{555732} = 0,41\ldots$$

ASSURANCES SUR LA VIE.

507. Les assurances sur la vie sont basées sur l'accumulation des capitaux, d'après les règles de l'intérêt composé, et sur la probabilité de vie des personnes assurées.

508. Les combinaisons qui se présentent sont très-nombreuses et leurs solutions sont trop compliquées pour qu'elles puissent trouver place ici ; les assurances sont traitées dans des ouvrages spéciaux. Je me bornerai à

quelques notions générales, comme indication du but qu'on se propose et des avantages que présentent ces opérations.

509. L'assureur est toujours une compagnie; car, les calculs étant basés sur les probabilités de vie, il faut opérer sur un très-grand nombre de têtes, pour qu'ils ne soient pas trompeurs. Le contrat signé par l'assureur et par l'assuré se nomme *police d'assurance*.

510. Les assurances sur la vie comprennent les *assurances en cas de décès* et les *assurances en cas de vie*.

Assurances en cas de décès.

511. L'assurance en cas de décès ne produit son effet qu'à la mort de l'assuré et au profit de ses héritiers ou ayants-droit; elle lui donne, en échange des sommes dont il a fait le sacrifice, la satisfaction de savoir qu'après lui, ceux dont il est le soutien, seront mis en possession d'un capital ou d'une rente en rapport avec les sommes versées.

512. Les assurances en cas de décès donnent lieu à trois combinaisons principales :

513. 1° Assurance sur la vie entière. Dans cette combinaison, le capital assuré est payable à la mort de l'assuré à *quelque époque qu'elle ait lieu*.

514. Le capital est assuré par un versement unique, à la signature de la police, ou par des primes annuelles et viagères, ou enfin, ce qui se fait le plus habituellement, par des primes annuelles données seulement pendant un temps déterminé.

515. Exemple. Un fonctionnaire âgé de 27 ans assure une somme de 20 000 francs à sa mort, en donnant chaque année et pendant 20 ans une prime de 616 francs.

Il assurerait la même somme, en donnant seulement 464 francs pendant toute sa vie.

516. **PRIMES ANNUELLES ET VIAGÈRES ASSURANT UN CAPITAL DE 100 FR.**

Ages	Primes	Ages	Primes	Ages	Primes	Ages	Primes
21	2,01	31	2,50	41	3,38	51	4,84
22	2,06	32	2,62	42	3,50	52	5,04
23	2,11	33	2,69	43	3,61	53	5,25
24	2,16	34	2,76	44	3,74	54	5,47
25	2,21	35	2,84	45	3,87	55	5,71
26	2,30	36	2,92	46	4,01	56	5,96
27	2,32	37	3,	47	4,16	57	6,23
28	2,37	38	3,09	48	4,31	58	6,51
29	2,43	39	3,18	49	4,48	59	6,81
30	2,49	40	3,28	50	4,66	60	7,13

517. **PRIMES ANNUELLES, DONNÉES PENDANT 15 ANS ET 20 ANS, ASSURANT UN CAPITAL DE 100 FR.**

Age	Primes		Age	Primes		Age	Primes		Age	Primes	
	15 ANS	20 ANS		15 ANS	20 ANS		15 ANS	20 ANS		15 ANS	20 ANS
21	3,28	2,76	31	3,90	3,31	41	4,72	4,06	51	6,03	5,34
22	3,34	2,82	32	3,97	3,37	42	4,83	4,16	52	6,20	5,51
23	3,40	2,87	33	4,04	3,43	43	4,94	4,26	53	6,38	5,70
24	3,46	2,92	34	4,11	3,50	44	5,04	4,37	54	6,57	5,80
25	3,52	2,97	35	4,19	3,57	45	5,16	4,48	55	6,78	6,10
26	3,58	3,02	36	4,27	3,64	46	5,29	4,60	56	6,99	6,33
27	3,64	3,08	37	4,35	3,72	47	5,42	4,73	57	7,22	6,57
28	3,70	3,14	38	4,44	3,80	48	5,56	4,87	58	7,47	6,83
29	3,77	3,19	39	4,53	3,88	49	5,71	5,02	59	7,72	7,10
30	3,83	3,25	40	4,62	3,97	50	5,86	5,17	60	8,	7,40

518. Cette combinaison convient surtout au père de

famille dont le travail procure une certaine aisance à sa famille et dont la mort prématurée peut la jeter dans la gêne et dans la misère.

519. Les compagnies souscrivent aussi des assurances, en cas de décès et pour la vie entière, reposant sur deux têtes. Le capital garanti est payable à l'assuré survivant, aussitôt le décès de l'autre.

520. 2° Assurance temporaire. Dans cette combinaison, l'assurance est limitée à un certain nombre d'années, c'est-à-dire que si l'assuré meurt pendant le temps indiqué, la compagnie doit payer le capital, et, si l'assuré ne meurt pas pendant ce temps, tout ce qu'il a donné est acquis à la compagnie.

521. Exemple. Un homme qui est à la tête d'une entre-prise lucrative, se croit certain de pouvoir acquérir dans un temps donné, 10 ans par exemple, le capital nécessaire pour mettre sa famille à l'abri du besoin ; mais il réfléchit que si la mort venait à le surprendre avant cette époque, il laisserait peut-être sa veuve et ses enfants dans une position précaire. Pour prévenir ce malheur, il contracte une assurance temporaire ; il a 32 ans, il assure 50 000 fr. en donnant chaque année, pendant 10 ans au plus, une annuité de 875 fr.; s'il ne meurt pas pendant ces 10 ans, il a perdu toutes les annuités données, mais alors ses bénéfices produits par l'entreprise mettent la famille en dehors de tout besoin ; s'il meurt, l'assurance produit son effet.

522. 3° Assurance de survie. Par cette combinaison, on assure un capital au profit d'une personne, dans le cas seulement où cette personne survivrait à l'assuré.

523. Exemple. Un fils est le seul soutien de sa vieille mère; il craint naturellement de la laisser sans ressources, s'il meurt avant elle. Il a 30 ans et sa mère 60; pour lui garantir le repos nécessaire, quoi qu'il arrive, il lui assure un capital de 10 000 fr. en donnant une prime annuelle de 166 fr., ou une rente viagère de 1 000 fr. en donnant chaque année 116 fr. 50.

Il est inutile de dire que ces primes ne sont plus données à partir de la mort du bénéficiaire.

Assurances en cas de vie.

524. Contrairement aux précédentes, ces assurances profitent aux assurés eux-mêmes, aussi s'adressent-elles spécialement aux célibataires, aux veufs et aux époux sans enfants qui désirent doter leur vieillesse de plus d'aisance. De toutes les assurances en cas de vié, la plus commune est la constitution de *rentes viagères*, c'est-à-dire, de rentes payables jusqu'à la mort de l'assuré. On se constitue des rentes viagères, en faisant l'abandon complet de son capital; en vertu de cet abandon, la rente est beaucoup plus forte que dans un placement ordinaire, et d'autant plus que l'assuré est plus âgé.

525. Les rentes viagères peuvent être immédiates ou différées; dans le premier cas, la rente est donnée à partir du moment de la signature du contrat jusqu'à la mort de l'assuré; dans le deuxième cas, elle n'est donnée qu'à partir d'un certain nombre d'années.

526. Exemple. Une personne âgée de 52 ans se crée une rente immédiate de 846 fr., en donnant un capital de 10 000 fr. La rente serait de 1244 fr., si elle était différée de 5 ans.

527. RENTES VIAGÈRES IMMÉDIATES SUR UNE SEULE TÊTE
POUR UN PLACEMENT DE 100 FR. PAYABLES PAR TRIMESTRE.

Ages	Rentes	Ages	Rentes	Ages	Rentes	Ages	Rentes
41	6,49	50	7,69	59	9,48	68	11,60
42	6,62	51	7,86	60	9,68	69	11,81
43	6,71	52	8,03	61	9,92	70	12,07
44	6,83	53	8,21	62	10,11	71	12,32
45	6,96	54	8,41	63	10,31	72	12,54
46	7,11	55	8,60	64	10,56	73	12,80
47	7,24	56	8,81	65	10,80	74	13,03
48	7,39	57	9,07	66	11,08	75	13,30
49	7,55	58	9,27	67	11,31	76	13,55

528. Les rentes viagères peuvent aussi être constituées
sur deux têtes. Ainsi, deux époux sans enfants peuvent se
créer une certaine rente par l'abandon d'un capital, à la
mort de l'un, l'autre continuera à toucher la rente.

529. Les rentes viagères ne sont pas seulement créées par
l'abandon d'un capital, elles peuvent aussi l'être par le
payement d'une prime annuelle. Dans ce cas, l'assuré paye
une prime annuelle pendant un temps convenu et à partir
de ce moment, s'il est vivant, il touche une rente jusqu'à sa
mort, ou, pour augmenter cette rente, il consent à ne la
toucher qu'après un certain nombre d'années, à partir du
moment où il cesse de payer ses annuités.

Caisse des retraites.

530. La Caisse des retraites, établie sous la garantie de
l'Etat, est exactement basée sur le principe des rentes viagères différées, et remplit à l'égard des déposants absolument
les mêmes fonctions que les compagnies d'assurances. Toute
personne est admise à participer aux avantages de cette

RENTES ANNUELLES ET VIAGÈRES POUR UN PLACEMENT DE 10 Fr.

1° Capital aliéné.

Age désigné pour l'entrée en jouissance de la rente viagère.

Age au moment du versement	50	51	52	53	54	55	56	57	58	59	60	61	62	63	64	65
3 ans	11f34	12,30	13,37	14,56	15,88	17,36	19,01	20,86	22,95	25,31	27,99	31,04	34,54	38,58	43,26	48,71
10	7,31	7,93	8,62	9,38	10,24	11,19	12,25	13,45	14,79	16,31	18,04	20,	22,26	24,86	27,87	31,39
15	5,64	6,12	6,65	7,24	7,90	8,63	9,45	10,37	11,41	12,58	f3,91	15,43	17,17	19,18	21,50	24,22
20	4,33	4,70	5,11	5,56	6,07	6,63	7,26	7,97	8,77	9,67	10,69	11,85	13,19	14,73	16,52	18,61
25	3,29	3,58	3,89	4,23	4,62	5,05	5,53	6,06	6,67	7,36	8,14	9,02	10,04	11,21	12,57	14,16
30	2,50	2,71	2,95	3,21	3,50	3,83	4,19	4,60	5,06	5,59	6,18	6,85	7,62	8,51	9,54	10,75
35	1,89	2,05	2,23	2,43	2,65	2,90	3,17	3,48	3,83	4,23	4,67	5,18	5,77	6,44	7,22	8,13
40	1,43	1,56	1,69	1,84	2,01	2,20	2,40	2,64	2,90	3,20	3,54	3,93	4,37	4,88	5,47	6,16
45	1,09	1,18	1,28	1,39	1,52	1,66	1,82	2.	2,20	2,43	2,68	2,97	3,31	3,70	4,15	4,67
50	0,81	0,88	0,96	1,04	1,14	1,24	1,36	1,49	1,64	1,81	2,01	2,22	2,47	2,76	3,10	3,49
55	»	»	»	»	»	0,90	0,99	1,08	1,19	1,31	1,45	1,61	1,79	2,	2,24	2,53
60	»	»	»	»	»	»	»	»	»	»	1,02	1,13	1,26	1,41	1,58	1,78
65	»	»	»	»	»	»	»	»	»	»	»	»	»	»	»	1,21

2° Capital réservé

Age au moment du versement	50	51	52	53	54	55	56	57	58	59	60	61	62	63	64	65
3	8,65	9,39	10,20	11,11	12,12	13,24	14,50	15,92	17,51	19,31	21,35	23,68	26,35	29,43	33,	37,16
10	5,82	6,31	6,86	7,47	8,15	8,91	9,75	10,70	11,78	12,99	14,36	15,93	17,72	19,79	22,19	25,
15	4,38	4,76	5,17	5,63	6,14	6,71	7,35	8.07	8,88	9,79	10,82	12,	13,36	14,92	16,73	18,84
20	3,28	3,56	3,87	4,21	4,60	5,02	5,50	6,04	6,64	7,32	8,10	8,98	9,99	11,16	12,52	14,10
25	2,43	2,64	2,87	3,13	3,41	3,73	4,08	4,48	4,93	5,44	6,01	6,67	7,42	8,29	9,29	10,47
30	1,79	1,95	2,11	2,30	2,51	2,75	3,	3,30	3,63	4,	4,43	4,91	5,46	6,10	6,84	7,71
35	1,31	1,42	1,54	1,68	1,83	2,	2,19	2,40	2,65	2,92	3,23	3,58	3,98	4,45	4,99	5,68
40	0,94	1,02	1,10	1,20	1,31	1,44	1,57	1,72	1,90	2,09	2,32	2,57	2,86	3,19	3,58	4,
45	0,66	0,71	0,78	0,84	0,92	1,01	1,10	1,21	1,33	1,47	1,63	1,80	2,01	2,24	2,51	2,80
50	0,45	0,48	0,53	0,57	0,63	0,68	0,75	0,82	0,91	1,	1,11	1,23	1,36	1,62	1,71	1,93
55	»	»	»	»	»	0,45	0,49	0,54	0,59	0,65	0,72	0,80	0,89	1,	1,12	1,26
60	»	»	»	»	»	»	»	»	»	»	0,45	0,49	0,55	0,62	0,69	0,78
65	»	»	»	»	»	»	»	»	»	»	»	»	»	»	»	0,45

institution et peut se procurer pour la vieillesse une pension viagère dont le maximum a été fixé à 1500 fr. par la loi du 24 avril 1864. Les versements doivent être au minimum de 5 fr. sans fraction de franc, ils ne peuvent dépasser 4000 fr. dans une même année. Ils sont effectués par annuités régulières ou par quotités diverses depuis l'âge de 3 ans jusqu'à celui de 65, avec aliénation du capital, ou réserve en faveur des héritiers.

531. Les tarifs ci-contre, donnent la rente annuelle et viagère due au rentier pour un versement de 10 francs, à capital aliéné et à capital réservé; il est évident que dans ce second cas, la rente doit être plus faible. D'après cette table, un versement de 10 francs à l'âge de 20 ans donne droit à une rente de 10 fr. 69 à jouir à partir de 60 ans à capital aliéné; la rente ne serait que de 8 fr. 10, si le capital était réservé.

532. EXEMPLE. *Un particulier fait 4 versements de 500 fr. chacun à 20, 25, 30, 35 ans; de quelle rente jouira-t-il à l'âge de 55 ans, s'il fait l'abandon des sommes versées?*

10 fr. donnés à l'âge de 20 ans, donnent, à 55 ans, droit à une rente de 6,63

      10 . . . . . . 25 5,05

      10 . . . . . . 30 3,83

      10 . . . . . . 35 2,90

                    Total   18,41

Ainsi, 4 versements de 10 fr. aux âges indiqués, assurent une rente de 18,41 ; ce particulier, qui donne 50 fois 10 fr. à chaque versement, touchera donc une rente de

$$18,41 \times 50 = 920,50,$$

à partir de 55 ans.

533. Outre les assurances à *primes fixes*, il existe encore les *assurances mutuelles*. Au point de vue théorique, les associations mutuelles devraient donner d'excellents résultats ; mais probablement à cause des grandes difficultés qu'on rencontre dans la pratique, ce genre d'assurance est très-peu connu. Dans les associations mutuelles, on répartit entre les survivants, à l'expiration du terme convenu, proportionnellement à leurs versements et aux chances dépendant de leur âge, la totalité des sommes versées par tous les assurés de la même catégorie.

534. Pour terminer, je dois dire que presque toutes les compagnies répartissent une part de leurs bénéfices entre leurs assurés. Dans une compagnie sérieuse qui sait bien administrer les fonds qu'on lui confie, cette part de bénéfice représente quelquefois le 4 °/₀ et même plus des sommes versées.

535. Il demeure prouvé, par l'examen des tarifs des compagnies d'assurances et par le relevé de leurs opérations, qu'en dernière analyse, elles payent à chaque assuré, soit en cas de vie, soit en cas de mort, des intérêts plus élevés que ceux qu'il pourrait obtenir par toute autre combinaison (1). En conséquence, on se demande comment il est possible que les compagnies puissent remplir leurs obligations et réaliser d'importants bénéfices.

Le fait s'explique par les deux circonstances qui suivent : 1° les compagnies placent immédiatement au taux le plus élevé qu'il leur est possible, toutes les sommes qui leur sont versées, et elles replacent aussi sur-le-champ tous les intérêts rapportés ; 2° afin de diminuer leurs risques, elles

_____
(1) Dupinoy de Vorepierre, dʳᵒ.

se servent de tables de mortalité différentes, quand elles
calculent les sommes qui doivent leur être payées, et quand
elles calculent celles qu'elles devront payer.

536. L'assurance sur la vie, faite à propos et à une compagnie solide et honnête, est une opération d'une sage
prévoyance. Les Anglais et les Américains en ont bien vite
compris les avantages, et chez eux tout soutien de famille un
peu aisé, considère comme un devoir l'assurance en cas de
décès. En Suisse, en Belgique, en Hollande, les assurances
sont également bien goûtées. Il n'en est pas de même en
France. Cependant, il faut dire que depuis quelques années,
les assurances en cas de décès commencent à prendre un
peu d'extension ; mais c'est peu encore.

On ne saurait trop encourager et louer ce genre d'opération. Combien y a-t-il de chefs de famille, avocats, médecins,
fonctionnaires, qui laissent leurs familles habituées à l'aisance, dans la gêne, quelquefois dans la misère, par suite
d'une mort prématurée, et qui auraient pu prévenir cette
situation malheureuse par une assurance en cas de décès.
Nous-mêmes, ne pourrions-nous pas prélever chaque année
une petite somme sur nos modestes traitements, pour créer
une ressource bien précieuse à nos familles en cas de mort ?
N'oublions pas qu'à l'âge de 20 à 30 ans, 150 fr. environ
donnés annuellement pendant 20 ans, assurent 5 000 fr. !

CHAPITRE IX.

COMBINAISONS.

---

537. On appelle *combinaison*, la réunion de plusieurs objets en groupes composés d'un nombre quelconque de ces objets. Ce groupement peut s'effectuer de trois manières différentes, qu'on désigne sous les noms d'*arrangements*, de *permutations* et de *combinaisons proprement dites*.

Arrangements.

538. *On appelle* ARRANGEMENTS *les différents groupes qu'on peut former avec un certain nombre d'objets pris* 1 *à* 1, 2 *à* 2, 3 *à* 3......n *à* n ; *ces groupes différant par la nature des objets et par leur ordre.*

539. NOMBRE D'ARRANGEMENTS QU'ON PEUT FORMER AVEC m OBJETS PRIS n A n. Considérons d'abord 6 objets représentés par a, b, c, d, e, f ; en groupant ces objets 1 à 1, on a évidemment 6 groupes formés chacun d'une lettre. On les groupera 2 à 2, en ajoutant, après chaque lettre, successivement chacune de celles qui restent, et on obtient :

$$ab,\ ac,\ ad,\ ae,\ af,$$
$$ba,\ bc,\ bd,\ be,\ bf,$$
$$ca,\ cb,\ cd,\ ce,\ cf,$$
$$\cdots\cdots$$
$$\cdots\cdots$$
$$fa,\ fb,\ fc,\ fd,\ fe,$$

c'est-à-dire autant de séries de 5 groupes qu'on a de lettres.
On peut donc écrire, en représentant ce nombre d'arrangements par A_2

$$A_2 = 6 \times 5 = 30.$$

Si maintenant on ajoute, après chacun des groupes précédents, successivement chacune des 4 lettres restantes,
on aura tous les groupes qu'on peut former avec ces six
letres prises 3 à 3, ou

$$abc,\ abd,\ abe,\ abf,$$
$$acb,\ acd,\ ace,\ acf,$$
$$adb,\ adc,\ ade,\ adf,$$
$$acb,\ acd,\ ace,\ acf,$$
$$afb,\ afc,\ afe,\ afd,$$

$$bac,\ bad,\ bae,\ baf,$$
$$bca,\ bcd,\ bce,\ bcf,$$
$$\cdots\cdots$$
$$\cdots\cdots$$

$$cab,\ cad,\ cae,\ caf,$$
$$cba,\ cbd,\ cbe,\ cbf,$$
$$\cdots\cdots$$
$$\cdots\cdots$$

c'est-à-dire, autant de fois 4 groupes qu'on en a obtenu
précédemment :

$$A_3 = 6 \times 5 \times 4.$$

En plaçant après chacun de ces nouveaux groupes chacune des 3 lettres restantes, on aura le nombre des arrangements de ces objets pris 4 à 4, et on formera autant de séries de 3 groupes qu'il y en a précédemment; on a donc

$$A_4 = 6 \times 5 \times 4 \times 3,$$

et ainsi de suite.

En appliquant ce raisonnement à m objets, on aura, en les groupant 2 à 2,

$$Am, 2 = m\,(m-1),$$

en les groupant 3 à 3,

$$Am, 3 = m\,(m-1)\,(m-2),$$

en les groupant 4 à 4,

$$Am, 4 = m\,(m-1)\,(m-2)\,(m-3)$$

$$\dots \dots \dots \dots \dots$$

$$\dots \dots \dots \dots \dots$$

et en les groupant n à n,

$$Am, n = m\,(m-1)\,(m-2)\,(m-3)\dots\dots[m-(n-1)].$$

540. **APPLICATIONS :**

1° *Combien peut-on former de nombres de 3 chiffres avec 1, 3, 5, 7, 9?*

Ce nombre est égal au nombre des arrangements qu'on peut faire avec ces 5 chiffres pris 3 à 3 ; il est donc égal à

$$5 \times 4 \times 3 = 60.$$

2° *Combien de drapeaux tricolores pourraient-on faire avec les 7 couleurs de l'arc-en-ciel?*

Ce nombre est aussi égal à

$$7 \times 6 \times 5 = 210.$$

Permutations.

541. *On appelle ainsi les différents groupes qu'on peut former avec un certain nombre d'objets pris tous ensemble, et de manière que chacun n'entre qu'une fois dans chaque groupe.*

a et b donnent les deux permutations ab et ba; a, b, c donnent les six permutations abc, acb, bac, bca, cab, cba.

542. Nombre de permutations qu'on peut faire avec n objets. On remarque que les permutations ne sont autre chose que les arrangements des objets considérés pris tous ensemble.

En se basant sur cette remarque, on détermine facilement le nombre des permutations de n objets.

Considérons, en effet, 6 objets, en les groupant 2 à 2, 3 à 3 .... 6 à 6, on a successivement :

$$A_2 = 6 \times 5,$$
$$A_3 = 6 \times 5 \times 4,$$
$$\cdots\cdots\cdots$$
$$\cdots\cdots\cdots$$
$$A_6 = 6 \times 5 \times 4 \times 3 \times 2 \times 1,$$

ou
$$P_6 = 6 \times 5 \times 4 \times 3 \times 2 \times 1.$$

Si au lieu de considérer 6 objets, on en considère m, on aura

$$P_m = m\,(m-1)\,(m-2)\,(m-3) \ldots\ldots 4 \times 3 \times 2 \times 1,$$

P_m indiquant le nombre des permutations qu'on peut faire avec m objets.

345. Applications :

1° *De combien de manière peut-on placer cinq élèves sur un même banc?*

Ce nombre est égal au nombre des permutations de cinq objets, c'est-à-dire à

$$5 \times 4 \times 3 \times 2 \times 1 = 120.$$

544. 2° *Un patron, pour encourager ses six ouvriers, promet de les faire dîner à sa table autant de fois qu'ils s'y pourront placer de manières différentes ; combien de dîners doit-il leur offrir ?*

Ce nombre de dîners est égal à

$$6 \times 5 \times 4 \times 3 \times 2 \times 1 = 720.$$

545. 3° *Combien de manières différentes 10 personnes peuvent-elles se placer autour d'une table, et, si chaque déplacement demande 5 minutes, combien leur faudra-t-il de temps pour prendre toutes ces dispositions ?*

Le nombre des permutations est de

$$10 \times 9 \times 8 \times 7 \times 6 \times 5 \times 4 \times 3 \times 2 \times 1 = 3\,628\,800$$

le temps nécessaire pour tous ces déplacements est de 18 140 000 minutes ou en années, 35 ans.

Pour 11 personnes il faudrait 385 ans.

Combinaisons.

546. *On appelle ainsi les différents groupes qu'on peut former avec un certain nombre d'objets pris 2 à 2, 3 à 3......* n *à* n *; les groupes différant seulement par la nature des objets.*

ab et ba, qui forment deux arrangements, ne donnent

qu'une combinaison; les 4 lettres a, b, c, d qui donnent les 12 arrangements

$$ab, \; ac, \; ad,$$
$$ba, \; bc, \; bd,$$
$$ca, \; cb, \; cd,$$
$$da, \; db, \; dc,$$

ne forment que 6 combinaisons.

547. Nombre de combinaisons qu'on peut faire avec m objets pris n à n. Dans les arrangements de m objets pris 2 à 2, deux de ces objets se trouvent toujours dans deux groupes, et comme ils ne donnent qu'une seule combinaison, le nombre de combinaisons de m objets pris 2 à 2, est donc la moitié du nombre de leurs arrangements. Si on groupe ces objets 3 à 3, 3 objets pouvant d'ailleurs se grouper de $3 \times 2 \times 1$ manières différentes, tandis qu'on aura 6 arrangements, on n'aura qu'une seule combinaison. Groupés 4 à 4, on aurait un nombre de combinaisons $4 \times 3 \times 2 \times 1$ fois plus petit que le nombre d'arrangements, puisque 4 objets qui ne forment qu'une combinaison, peuvent former $4 \times 3 \times 2 \times 1$ arrangements.

En sorte que m objets étant groupés 2 à 2, le nombre de leurs combinaisons est égal à la moitié du nombre de leurs arrangements, et l'on peut écrire

$$C_{m}, 2 = \frac{m\,(m-1)}{2 \times 1};$$

s'ils sont groupés 3 à 3, le nombre de leurs combinaisons est égal au nombre de leurs arrangements divisé par $3 \times 2 \times 1$

$$C_{m}, 3 = \frac{m\,(m-1)\,(m-2)}{3 \times 2 \times 1},$$

s'ils sont groupés 4 à 4, on a

$$Cm, 4 = \frac{m\,(m-1)\,(m-2)\,(m-3)}{4\times3\times2\times1},$$

et s'ils sont groupés n à n, on obtient

$$Cm, n = \frac{m\,(m-1)\,(m-2)\,(m-3)\ldots\ldots[m-(n+1)]}{n\,(n-1)\,(n-2)\ldots\ldots3+2+1},$$

c'est-à-dire qu'on a le nombre des combinaisons qu'on peut obtenir avec m objets pris n à n, en divisant le nombre des arrangements de ces objets pris n à n par le nombre des permutations de n objets

$$Cm, n = \frac{Am, n}{Pn}.$$

548. APPLICATION :

Un maître de poste qui a 15 chevaux dans son écurie, doit en fournir 4 pour relayer une voiture; de combien de manières peut-il le faire?

Ce nombre est égal au nombre des combinaisons de 15 objets pris 4 à 4

ou $$\frac{15\times14\times13\times12}{1\times2\times3\times4} = 1365.$$

SOLUTIONS

DES EXERCICES ET PROBLÈMES.

[20]. $4a$, a^4, a^3b^2. — (21). $8, 16, 72$. —

[22]. — $34, 5,66\ldots$ (23). 250. (24). $v = 28,88$.

[25]. $15a^2b$, — $17ac^2b$, $6a^2c - \frac{11}{24}ab^2$, $\frac{73}{15}ab - 2cd$.

Opérations algébriques.

[42]. 1° $5ab - 7a^2b + 3a^3b + 11ab^2 - 24bc$;
2° $16a^2b^2 - 10ab^3 + 2bc$; 3° $2a^3b - 11a^2b^2 + 2ab^3$;
4° $-\dfrac{6}{4}a^2 + 2b - ab$.

[44]. 1° $-a-b, a+b$; 2° $3m^3 - n - a + b - c$;
3° $7ab - 8bc - a^2b - 5bc^2 + 8ab^2$; 4° $3a^3b - a^2b^2 + 4ab^3$.

[70]. 1° $45a^4b^4c^2$; 2° $\dfrac{44}{5}a^4b^4x^2$; 3° $-\dfrac{7}{12}a^5b^3x$;
4° $15a^3b^2 - 35a^2b^3 + 5ab^4$; 5° $35ab^4x^2 + 15a^2b^3x^2 - 20a^3b^2x^2$;
6° $40a^6 - 91a^5b + 55a^4b^2 + 50a^3b^3 - 54a^2b^4 - 8ab^5 + 8b^6$;
7° $7x^7 + 25x^6 - 3x^5 - 13x^4 + 12x^3 - 12x^2 - 3x + 1$.

[72]. 1540.

[73]. 1° $x(7a^3 - 4a^2 + 2a - 1)$; 2° $a^2b^2(14a - 8b + 1)$;
3° $6x^2(4x^4 + 3x^2 - 2)$.

[74]. 1° $25a^4b^2 + 70a^3b^3 + 49a^2b^4$; 2° $\dfrac{4}{9}a^2x^2 - \dfrac{16}{15}abx + \dfrac{16}{25}b^2$.

[75]. 1° $3a^2b + 2ab^2$; 2° $x - 3$. [76]. $5x^2$. [77]. $12a^5b^3c$.

[78]. $\dfrac{9}{2}$. [79]. $(x+y)(x-y)$. [80]. $4a^2 - 16b^2$.

[100] 1° $3a^3b^2$; 2° $-2abc$; 3° $-3b^3c^2$; 4° $3b^3c^2$.

[101] 1° $\dfrac{9a^2c}{5}$; 2° $\dfrac{2a}{bx}$; 3° $\dfrac{7a^3}{3b}$. [102] $a^0 = 1$,
$$a^{-2} = \dfrac{1}{a^2}, \ a^{-7} = \dfrac{1}{a^7}, \ 5^{-2} = \dfrac{1}{5^2}.$$

[103]. $x = \dfrac{-2937}{49}$. [104]. 1° $4x^4 - 36x^3 + 21x^2 + 13x$;
2° $b^4 - 2ab^3 - 4a^2b^2 + 3a^3b + 5a^4$; 3° $-2a^2 - 3b^2 + 4ab$.

[107]. 1° $11a^4b - 2a^3b^2 + 5a^2b^3 - 8ab^4$; 2° $5x^3 - 6x^2 + 2x$.

3° Exemple de division impossible.

Fractions algébriques.

[119]. 1° $\dfrac{3a}{x}$; 2° $\dfrac{6acd}{7b}$; $\dfrac{4a^2b}{3}$.

[120]. 1° $\dfrac{adfh}{bdfh}$, $\dfrac{cbfh}{dbfh}$, $\dfrac{cbdh}{fbdh}$, $\dfrac{gbdf}{hbdf}$.

2° $\dfrac{np}{mnp}$, $\dfrac{mp}{nmp}$, $\dfrac{mn}{pmn}$.

[121]. 1° $\dfrac{16ac^3x^2}{24a^3b^3c^3}$, $\dfrac{15bc^2x}{24a^3b^3c^3}$, $\dfrac{72}{24a^3b^3c^3}$.

2° $\dfrac{3b^2x}{24a^3b^3}$, $\dfrac{4aby}{24a^3b^3}$, $\dfrac{2a^2z}{24a^3b^3}$.

[122]. 1° $\dfrac{ad + bcd + bc}{bd}$; 2° $\dfrac{4a^2bc^2x + 28acx^2 + 7bx^3}{28b^2c^2}$;

3° $\dfrac{ad - bx}{bd}$; 4° $\dfrac{m - ny}{n}$; 5° $\dfrac{7d + c}{d}$;

6° $\dfrac{ad - 2bd + bc - 4bd}{bd}$; 7° $\dfrac{hx^2 - 3dhx - 3fh + 3gx}{3hx}$.

[123]. 1° $-\dfrac{4m}{ab^2}$; 2° $-\dfrac{4ax}{5b}$; 3° $\dfrac{ac}{d}$.

[124] 1° $\dfrac{28cd}{5abx}$; 2° $-\dfrac{3m}{24ab}$; 3° $\dfrac{ad}{bc}$.

Equations du premier degré à une inconnue.

[141]. 1° $x = 5$; 2° $x = 12$; 3° $x = 2,47\ldots$ 4° $x = 48,65\ldots$
5° $x = 48,6\ldots$

[142]. 1° $x = \dfrac{a^2 - ab}{ab + b - a}$; 2° $x = \dfrac{a^2c^2}{b\,(a^2 + ab - c)}$;

$$3° \; x = \frac{(a+b)(a-b)}{a+b} = a - b; \quad 4° \; \frac{ab^2(a-c)}{c+ab(a-c)}.$$

Problèmes du premier degré à une inconnue.

[158]. Rép. 32.

[159]. Equation du probl., x représentant le nombre de pièces,

$$10x + 5x + 2x = 136$$

$$\text{Rép.} \begin{cases} 80 \text{ fr. } 1^{re} \\ 40 \text{ fr. } 2^{e} \\ 16 \text{ fr. } 3^{e} \end{cases}$$

[160]. Rép. 40 et 36.

[161]. Rép. 15 et 21.

[162]. Rép. 12,5 et 94,5

$$[163]. \text{ Rép.} \begin{cases} 3^{e} \; 404 \\ 2^{e} \; 424 \\ 1^{re} \; 472 \end{cases}$$

$$[164] \begin{cases} 3° \; x = \dfrac{S - 2a - b}{3}, \\ 2° \; \dfrac{S - 2a - b}{3} + a = \dfrac{S + a - b}{3}, \\ 1° \; \dfrac{S + a - b}{3} + b - \dfrac{S + a + 2b}{3}, \end{cases}$$

[165]. Les gages de 10 mois sont représentés par

$$\frac{(200 + x)\,10}{12}$$

et l'on peut écrire

$$\frac{(200 + x)\,10}{12} = 160 + x.$$

Rép. 40 fr.

[166]. Rép. 88 l.

[167]. Rép. 13 et 65 ans.

[168]. Rép. 13 et 78 ans.

[169]. Rép. 10 ans.

[170]. Rép. 6, 8, 24 ans.

$$[171]. \text{ Rép.} \begin{cases} \text{avoir de Pierre 30 f.} \\ \text{id. \quad Paul 50 fr.} \end{cases}$$

[172]. Soit x le nombre des pièces de a fr.

$$\text{Rép. } x = \frac{S - nb}{a - b}.$$

[173]. Soit x la première, la deuxième sera $x + \dfrac{1}{3}x$ et la troisième

$$x + \frac{1}{3}x + \frac{1}{5}\left(x + \frac{1}{3}x\right)$$

Rép. 30, 40, 48.

[174]. Rép. L'élève a mérité 9 fois.

[175]. Rép. 0 fr. 35 c.

[176]. Equation :

$$\left(\frac{1}{5}+\frac{1}{7}+\frac{1}{11}\right)x=1$$

Rép. $x = 2$ h. $18'$.

[177]. $x = \dfrac{tt''t''}{t't''+tt''+tt'}$.

[178]. Rép. 426 gr. 66.

[179]. Equation :
$$Pt + t'x = (P + x)\,m$$
Rép. $x = \dfrac{P(m-t)}{t'-m}$.

[180]. 1re rencontre $1^h\ 5'\ 27''$
  2e id. $2^h\ 10'\ 54''$
  3e id. $3^h\ 16'\ 21''$

[181]. Rép. 561 fr. 57.

[182]. $\begin{cases} 1^{re}\ 2\ \text{hl.}\ 46 \\ 2^e\ 1\ \text{hl.}\ 54. \end{cases}$

[183]. $1^{re}\ \dfrac{a(P-n)}{m-n}$,

[184]. Soit C la valeur réelle, on a :
$$C + \frac{Ctn}{100} = A$$
$$C = \frac{100\,A}{100 + tn}$$
par suite l'escompte e est égal à
$$A - \frac{100\,A}{100 + tn}$$
ou $e = \dfrac{Atn}{100 + tn}$.

Equations du 1er degré à plusieurs inconnues.

[204]. $1°\ \begin{cases} x=5, \\ y=2, \end{cases}$ $2°\ \begin{cases} x=7, \\ y=3; \end{cases}$

$3°\ \begin{cases} x=\frac{1}{2}, \\ y=1; \end{cases}$ $4°\ \begin{cases} x=4, \\ y=5, \end{cases}$

$5°\ \begin{cases} x=3, \\ y=5; \end{cases}$ $6°\ \begin{cases} x=3, \\ y=4; \end{cases}$

$7°\ \begin{cases} x=3, \\ y=5. \end{cases}$

[205]. $1°\ \begin{cases} x = \dfrac{cb'-bc'}{ab'-ba'}, \\ y = \dfrac{ac'-ca'}{ab'-ba'}; \end{cases}$

$2°\ \begin{cases} x = \dfrac{b^2-a^2+d}{2a}, \\ y = \dfrac{d-b^2+a^2}{2b}. \end{cases}$

[206]. $1°\ \begin{cases} x=2, \\ y=3, \\ z=4; \end{cases}$ $2°\ \begin{cases} x=3, \\ y=4, \\ z=6; \end{cases}$

$3°\ \begin{cases} x=12, \\ y=30, \\ z=168. \end{cases}$

[207]. $\begin{cases} x=1, \\ y=3, \\ z=4, \\ u=5. \end{cases}$

Problèmes du 1er degré à plusieurs inconnues.

[222]. Le 1er 5 m.
le 2e 7 m.

[223]. Prix du m. de drap 14 francs.
Prix du m. de toile 2 f. 50.

[224]. Les 2 équations sont

$$\frac{x+3}{y}=1, \quad \frac{x}{y+3}=\frac{1}{4},$$

$$\text{Rép. } \frac{2}{5}.$$

[225]. $\qquad$ Rép. $\dfrac{5}{8}.$

[226]. Les 2 équations sont :
$$(x+5)(y+1)=xy+61,50,$$
$$(x-3)(y-1)=xy-42;$$
qui deviennent, après simplification,
$$5y+x=56,50$$
$$3y+1,5x=46,50,$$
Rép. nomb. d'of. 14,
part de chacun 8,50.

[227]. Le plus grand $\dfrac{a+b}{2}$
le plus petit $\dfrac{a-b}{2}$

[227]. x représentant le poids du fer, la perte de poids

qu'il éprouve dans l'eau est
$$\frac{x}{7,5}$$

$$\text{Rép. } \begin{cases} \text{fer 11 k. 77,} \\ \text{cuivre 4,23.} \end{cases}$$

[228]. Equation :
$$x+y=P,$$
$$\frac{x}{d}+\frac{y}{d'}=p ;$$
cette dernière devient
$$d'x+dy=pdd'.$$
En y substituant la valeur de x trouvée dans la 1re, on obtient
$$d'(P-y)+dy=pdd',$$
$$d'P-d'y+dy=pdd',$$
$$\dots\dots\dots$$
$$\dots\dots\dots$$

$$\text{Rép. } \begin{cases} x=\dfrac{pdd'-Pd}{d'-d}, \\ y=\dfrac{pdd'-Pd'}{d-d'}. \end{cases}$$

[229]. Rép. $\begin{cases} 1^{re}\text{ qual. 24 f. 83} \\ 2^e\text{ qual. 19,36.} \end{cases}$

[230]. Les 2 équations sont :
$$\frac{ax+by}{a+b}=c,$$
$$\frac{a'x+b'y}{a'+b'}=c'$$

$$\text{Rép.}\begin{cases} x = \dfrac{c(a+b)\,l' - bl'(a'+l')}{al' - ba'} \\ y = \dfrac{al'(a'+l') - c(a+b)a'}{al' - ba'} \end{cases}$$

$[233]$. Rép. $\begin{cases} 1^{\text{er}} \ 60 \text{ l.} \\ 1^{\text{e}} \ 100 \text{ l.} \\ 3^{\text{e}} \ 110 \text{ l.} \end{cases}$

$[231]$. Equations :
$$x + y = 2,4$$
$$0{,}920x + 0{,}720y = 2{,}40 \times 0{,}900$$

Rép. $\begin{cases} 2 \text{ k. } 16 \text{ du } 1^{\text{er}}, \\ 0{,}24 \text{ du } 2^{\text{e}}. \end{cases}$

$[234]$. Si x, y et z représentent les chiffres des centaines, dizaines et unités, les deux premières équations seront

$$x + y + z = 15,$$
$$100z + 10y + x = 3(100x + 10y + z) + 78,$$

Rép. 258.

$[232]$. Rép. $\begin{cases} x = \dfrac{am - ap'}{p - p'}, \\ y = \dfrac{am - ap}{p' - p}. \end{cases}$

Équations du deuxième degré à une inconnue.

$[263]$. $25a^2b^4x^6, \ 49a^4b^6c^2d^2, \ 625a^8b^6d^2c^4 ;$

$$\frac{a^2b^2}{c^4d^2}, \ \frac{x^2}{a^2b^2c^2}, \ \frac{16a^4x^2}{25b^2c^2d^2}.$$

$[264]$. $3ab^2cd^3, \ 5a^2bc^3d^4, \ 7abc^2d^2, \ \dfrac{2ax}{5bc}, \ \dfrac{3a^2b}{4cx^2}.$

$[265]$. $4a^2 + 8ab + 4b^2, \ 9a^2x^4 - 12a^2x^3 + 4a^2x^2,$
$$25a^4b^2 - 70a^3b^2c^2 + 49a^2b^2c^4, \ 36a^2b^4 + 84ab^5 + 49b^6,$$
$$64b^2x^4 - 112a^2b^2x^2 + 49a^4b^2.$$

$[266]$. $x + \dfrac{p}{2}, \ \dfrac{2ab^2}{3} - 3bx, \ 8mn^2p^3 - 7mx^2.$

$[267]$. 1° $\dfrac{36a^2x^2}{b^2} + \dfrac{84a^3b^3x}{3bc} + \dfrac{49a^4b^6}{9c^2}$ dont $\sqrt{} = \dfrac{6ax}{b} + \dfrac{7a^2b^3}{3c}$;

2° $\dfrac{m^2p^4}{9a^2} + \dfrac{2mp^2b^2x}{a} + \dfrac{36b^4c^2x^2}{4}$ dont $\sqrt{} = \dfrac{mp^2}{3a} + 3b^2cx$;

3° $4x^2 + 12ax + 9a^2$ dont $\sqrt{} = 2x + 3a$;

$$4^\circ \quad x^2 + px + \frac{p^2}{2} \text{ dont } \sqrt{} = x + \frac{p}{2};$$

$$5^\circ \quad \frac{25a^2b^4x^2}{m^2} - \frac{70a^4b^2x}{bm} + \frac{49a^6}{b^2} \text{ dont } \sqrt{} = \frac{5ab^2x}{m} - \frac{7a^3}{b}.$$

[284]. Rép. 5 et — 5.

[284]. Rép. 3 et — 3.

[286]. Rép. $x = \pm \sqrt{a(b-c)}$.

[287]. $\begin{cases} x' = -\dfrac{2}{3}, \\ x'' = -\left(4 + \dfrac{1}{3}\right). \end{cases}$

[288]. $\begin{cases} x' = 11, \\ x'' = -5. \end{cases}$

[289]. $\begin{cases} x' = 4, \\ x'' = 3. \end{cases}$

[290]. $\begin{cases} x' = 9, \\ x'' = 9. \end{cases}$

[291]. $\begin{cases} x' = 7, \\ x'' = 7. \end{cases}$

[292]. Après l'évanouissement des dénominateurs, on obtient une équation du troisième degré, on la ramène au deuxième, en divisant tous ses termes par x.

Rép. $\begin{cases} x' = 2, \\ x'' = -\dfrac{4}{3}. \end{cases}$

[293]. $\begin{cases} x' = 67\,^1/_6, \\ x'' = 4\,^1/_2. \end{cases}$

[294]. $\begin{cases} x' = 13\dfrac{22}{31}, \\ x'' = 8. \end{cases}$

[295]. $\begin{cases} x' = a, \\ x'' = b. \end{cases}$

Pour cette solution, voir les transformations suivantes :

[296]. En faisant passer tous les termes dans le premier membre, on obtient

$$x^2 - (ab - b)\,x - ab^2 = 0,$$

d'où l'on tire :

$$x = \frac{ab - b}{2} \pm \sqrt{\left(\frac{ab - b}{2}\right)^2 + ab^2},$$

la quantité sous le radical devient :

$$\pm \sqrt{\frac{a^2b^2 - 2ab^2 + b^2}{4} + \frac{4ab^2}{4}}.$$

$$\pm \sqrt{\frac{a^2b^2 + 2ab^2 + b^2}{4}},$$

$$\pm \sqrt{\frac{b^2(a^2 + 2a + 1)}{4}},$$

$$\pm \sqrt{\frac{b^2(a + 1)^2}{4}};$$

d'où
$$x = \frac{ab - b}{2} \pm \sqrt{\frac{b^2 (a+1)^2}{4}},$$
$$x = \frac{ab - b}{2} \pm \frac{b (a+1)}{2}.$$

Rép. $\begin{cases} x' = ab, \\ x'' = -b. \end{cases}$

[297]. Rép. 320 et 110.

[298]. Rép. 24 et -24.

[299]. L'équation du problème est
$$x + \frac{x}{100} x = 119,$$
Rép. 70.

[300]. Si on représente la base par x, l'équation sera
$$7x^2 + 3x + 8 = 602.$$
Rép. 9.

[300]. Equation :
$$x^2 + (x+1)^2 = (x+2)^2,$$
Rép. 3, 4, 5.

[301]. La formule du volume du tronc de cône est
$$V = \frac{\pi H}{3}(R^2 + r^2 + Rr), \quad (1)$$
Rép. 2 mètres

[302]. Rép. 24 et 12.

[303]. $\begin{cases} x' = -\dfrac{b}{2} + \sqrt{\dfrac{b^2}{4} + a}, \\ x'' = -\dfrac{b}{2} - \sqrt{\dfrac{b^2}{2} + a}. \end{cases}$

[304]. Equation :
$$\frac{864}{x} + 2 = \frac{864}{x - 6};$$
Rép. 54.

[305]. Rép. 12,07.

[306]. Equation :
$$x^2 + x^2 = (x + a)^2;$$
d'où l'on tire :
$$x^2 - 2ax - a^2 = 0$$
$$x = a \pm \sqrt{2a^2},$$
$$x = a (1 + \sqrt{2}).$$

Progressions et logarithmes.

[346]. R. 89. [347]. R. 44.
[348]. Rép. 29.
[349]. La raison de la progression formée par l'insertion des moyens est 1.
[350]. La raison est $-\dfrac{2}{5}$ les

___
(¹) Dans l'énoncé, il faut 2 m. 40 pour le diamètre de la base, au lieu de 1,40.

termes à insérer entre 8 et 6, seront :

$$7\frac{3}{5},\ 7\frac{1}{5},\ 6\frac{4}{5},\ 6\frac{2}{5}.$$

[351]. Rép. 105 et 14.

[352]. Rép. 120.

[353]. On détermine d'abord le quinzième terme. R. 420.

[354]. Rép. 144.

[355]. Rép. 2048.

[356]. Rép. $\dfrac{4}{19683}$.

[357]. Les moyens à insérer sont :

8, 16, 32, 64, 128.

[358]. La raison de la prog. formée par les insertions est 3, cette progression est donc :

$\div\ 729 : 243 : 81 : 27 : 9 : \ldots$

[359]. Rép. 976562.

[360]. Rép. $\dfrac{69791}{9}$.

[361]. $S = \dfrac{3}{2}$. [362]. R. $21\frac{1}{3}$.

[363]. $\div\ 7 : -14 : 28 : -56 : \ldots$
R. 301. [364]. R. 234. fr.

[365]. Rép. 344 k. 7.

[366]. Rép. 12 ans.

[367]. Equation :

Je cherche le premier terme de la prog. formée par les nombres des élèves. Soit a ce premier terme, nous aurons

$$856 = \frac{(a+l)\,16}{2},$$
$$l = a + 5 \times 15.$$

En résolvant ce système d'équations, on trouve

$$a = 16;$$

les autres classes comprendront alors :

21, 26, 31, 36……. élèves

[368]. On se sert des tables pour élever 2 à la trente-deuxième puissance
Rép. 214 750 000 fr.

[369]. Le dentiste doit à l'avare. 2 100 000
l'avare doit au dentiste
5 461 000
dif. en fav. du dent. 3 361 000

[370]. Rép.
18 844 700 000 000 000000 grains.
En admettant que chaque hectare de terre ensemencé en blé produise 15 hectolitres qui contiennent 1 800 000

grains chacun environ, il faudrait ensemencer plus de 680 billions d'hectares qui représentent environ 170 fois la surface des terres de notre globe.

[371]. Ces cercles sont entre eux comme les carrés de leurs diamètres, c'est-à-dire que la surface du 2e est le $\frac{1}{4}$ de celle du 1er, etc.

Ces surfaces forment donc une progression décroissante à l'infini.

Rép. $\frac{4}{3}$ de la surface du 1er.

[372]. Rép. $\frac{225}{8}$.

[400]. 1° 3,60778, 2,51720, 3,06070, 3,34242, 3,84510
2° 4,72001, 5,81988, 4,25174;
3°1,73496, 0,89566, 2,38116;
4° $\overline{1}$,65321, $\overline{3}$,37181, $\overline{4}$,65321.

[401]. 1° 184,4, 19,97, 489890;
2°   3007,2, 3,3365, 729950000, 363,13, 20343;
3°   18,048, 0,03658 0,00001011, 0,2344, 0,00283.

[407]. 1° 12 800 000
2° 0,0013338; 3° 5444,6;
4° 144 530 000 000;
5° 0,000 000 007 708;
6° 237 300 000,
1 102 suivi de 18 zéros,
1 845   id.   16 zéros,
7° $\dfrac{177\,150}{4\,194\,300}$,
$\dfrac{96\,895\,000\,000}{34\,520\,000\,000\,000}$;
8°   2,842, 4,134;
9°   3923, 0,08202;
10, 10,117; 11° 6,332;
12°   62,646.

Des intérêts composés.

[457]. Rép. 8645 fr.

[458]. Rép. 3153 fr.

[459]. Rép. 8 ans 1 mois.

[460]. } Doublée dans 17 ans 8 m. } Triplée dans 28 ans 3 j.

[461]. Rép. 5 %.

[462]. Rép. 581 fr.

[463]. 100 fr. deviennent :
à 5 % cap. tous les ans 162 f. 9
à 4, 8 % cap. tous les 6 mois 160 f. 7
différence   2 f. 2

[464]. 7400 représentent le

prix de la propriété ajouté à ses intérêts composés de 6 ans 4 mois,

      Rép. 5432 fr.

[465]. Rép. 4166 fr.

[466]. Rép. 3613 fr.

[467]. Rép. 1036 fr. 50.

[468]. R. 27 + une fract. $< \frac{1}{2}$. On prendra 27 ans.

[469]. Rép. 3237 fr.

[470]. Rép. 19 ans + une fraction $> \frac{1}{2}$. On prendra 20 ans pour l'amortissement en donnant une annuité un peu plus faible.

[471]. Rép. 69778 fr.

[472]. Le bénéfice serait de 615 fr.

Crédit foncier.

[494]. Rép. 10 310 fr.

[495]. Le Crédit foncier donne alors 20 lettres de gage + 310 fr. Le propriétaire retire

$487 \times 20 + 310 = 10050$ fr.

[496]. 6000 contient 12 fois la valeur d'une lettre de gage + 120 fr., ce particulier doit donc emprunter

$500 \times 12 + 120 = 6120$ fr.

l'annuité à donner est

      408 fr. 78.

[497]. Il faut ajouter à l'énoncé que l'emprunt a été fait pendant 50 ans,

      Rép. 12 754 fr.

On cherche la partie amortie pendant ces 20 ans, on la retranche de la somme empruntée, et au reste, on ajoute $\frac{1}{2}$ %

[498]. Avec cette somme, il peut acheter 18 l. de gage et il lui reste 30 fr. Il peut donc donner

$500 \times 18 + 30 = 9030$.

Chercher ce qu'on redoit au bout des 15 ans, retrancher 9030, au reste ajouter $\frac{1}{2}$ %

pour frais, et on obtiendra 10 390 fr. 65 à éteindre dans $55 - 15 = 40$ ans ; l'annuité à donner sera

      665 fr. 54.

TABLE DES MATIÈRES

Saint-Etienne, imp. MONTAGNY, rue Gérentet, 14.

SOUS PRESSE

1re PARTIE

ARITHMÉTIQUE

Saint-Brieuc, Imp. Montauny, rue Gorentel, 12